Python
基础与深度
学习实战

梁桥康　邹坤霖　项韶　朱为　编

化学工业出版社

·北京·

内容提要

本书共分为 4 篇 18 章，第 1 篇为 Python 入门，主要介绍 Python 的功能、使用和学习方法。第 2 篇为 Python 应用基础，主要介绍变量与字符串、列表、元组和字典、控制语句、函数、模块与包、递归、文件、异常、面向对象技术、查找与排序。第 3 篇为 Python 科学计算与数据可视化，主要介绍 Python 科学计算库、Matplotlib 数据可视化。第 4 篇为 Python 深度学习与实战，主要介绍数据挖掘、植物病害识别案例和皮肤癌变类识别实例。

本书适合 Python 初学者或爱好者作为入门教材，也可以作为软件技术基础、深度学习、人工智能等课程的参考教材。

图书在版编目（CIP）数据

Python 基础与深度学习实战/梁桥康等编. —北京：化学
工业出版社，2020.4
ISBN 978-7-122-35979-7

Ⅰ.①P… Ⅱ.①梁… Ⅲ.①软件工具-程序设计
Ⅳ.①TP311.561

中国版本图书馆 CIP 数据核字（2020）第 033220 号

责任编辑：宋　辉　　　　　　　　　　　　文字编辑：郝　越
责任校对：刘曦阳　　　　　　　　　　　　装帧设计：王晓宇

出版发行：化学工业出版社（北京市东城区青年湖南街 13 号　邮政编码 100011）
印　　装：三河市延风印装有限公司
787mm×1092mm　1/16　印张 12¼　字数 299 千字　2020 年 9 月北京第 1 版第 1 次印刷

购书咨询：010-64518888　　　　　　　　售后服务：010-64518899
网　　址：http://www.cip.com.cn
凡购买本书，如有缺损质量问题，本社销售中心负责调换。

定　　价：58.00 元

前言

自从吉多·范罗苏姆 1989 年为打发圣诞节假期时间而写下用于编写自动化脚本的 Python 之后，30 多年的时间过去了，随着功能不断完善和版本更新，目前 Python 已成为最流行的一种编程语言，并被广泛用于开发大型项目，尤其是互联网中的应用，如 Web 开发、脚本编写、数据挖掘和机器学习等应用。

作为一种面向对象的动态类型语言，Python 由于简洁易读、开源直观、含有非常庞大的库、可扩展性强等优点正被越来越多的程序员和编码爱好者推崇。特别值得一提的是，在人工智能的研究和应用（如深度神经网络、机器学习、图像处理、计算机视觉、机器人智能控制、工厂智能化）越来越深入和普及的同时，Python 作为一个面向对象的脚本语言正随着人工智能的广泛应用而被重视。

最新版的 Python3 版本（Python3.8.1）已于 2019 年 12 月 18 日发布（2020 年 2 月 17 日发布了 Python3.8.2rc2 预发行版本），将会在人工智能、数据分析、自动化测试、Web 网站开发与网络编程、金融分析、游戏开发、Linux 运维、云计算与边缘计算开发等方面继续发挥重要的作用。

本书分为 4 篇 18 章，第 1 篇为 Python 入门，主要介绍 Python 的功能、使用和学习方法。 第 2 篇为 Python 应用基础，主要介绍变量与字符串、列表、元组和字典、控制语句、函数、模块和包、递归、文件、异常、面向对象技术、查找与排序。 第 3 篇为 Python 科学计算与数据可视化，主要介绍 Python 科学计算库、Matplotlib 数据可视化。第 4 篇为 Python 深度学习与实战，主要介绍数据挖掘、植物病害识别案例和皮肤癌变类识别实例。

通过本书的学习，相信会让你形成良好的 Python 编程习惯、对 Python 有基础的认识和掌握并快速入门深度学习。建议读者根据自己的研究方向和兴趣展开更加专门的学习和研究，再通过自己的努力，一定能成为人工智能的践行者和推行人。

Python 是一门功能非常强大的编程语言，深度学习是一个非常热门的工具，将两者结合起来学习将让您事半功倍。

本书受国家自然科学基金项目（NSFC.61673163）资助，特此感谢。

编　者

目录

第1篇

Python入门

第1章　Python的"魔法"

1.1　Python 是什么

　　跟开发大型软件和游戏的 C++语言、开发安卓的 Java 语言等一样，Python 也是一门计算机程序设计语言。Python 主要是跟随机器学习和大数据相关研究与应用火起来的。不同的编程语言，其学习难度也不一样。很多初学的朋友经常会问的一个问题是学哪种语言最好。其实每一种语言都有自己的特点和应用领域，你需要学什么语言，取决于你将要做的事。

　　"人生苦短，我用 Python"。这句话说的是 Python 语言非常精简的特点。要实现同样一个功能，其他语言可能要写几行、十几行甚至几十行，Python 可能一行代码就搞定。一方面，Python 是一种简单易用的高级语言，它经过了很多层的封装，拥有很多功能齐全的库函数和第三方库，初学者可以非常方便地调用。另一方面，Python 又是解释型语言，程序在执行时，代码会被逐行地翻译成 CPU 能直接执行的机器码，而 C++等语言在运行前就已经被编译成了机器码。这种边解释边执行的特性使得 Python 的运行速度较慢。即使如此，Python 仍然称霸人工智能界，很重要的一个原因就是它使用起来非常简单。连小孩子都在学 Python，你还在等什么，赶紧跟随本书一起学习这门风靡全球的语言吧。

1.2　Python 能做什么

　　Python 是目前非常流行的一种计算机程序设计语言，其功能非常强大，其他编程语言能实现的功能 Python 基本都能胜任。Python 最大的特点是可以根据需要开发各种小工具，方便各个工作岗位上的日常工作的顺利完成。在实际应用中主要有以下几个用途。

① Web 开发——Python 有许多 Web 开发技术和开发框架，比较流行的 Python Web 开发框架有 Django、Tornado 等。

② 文件处理——Python 对于文件处理也是非常在行的。不管是读取、写入还是批量操作，都是非常容易的事。

③ 爬虫——Python 有许多用于爬虫的模块，比如 Scrapy、Request 等，不仅简单易用，而且功能强大，你想要的它都能爬到。

④ 云计算——灵活、易用和模块化编程的特点使得 Python 也广泛应用在云计算领域。目前知名的云计算框架 Openstack 是基于 Python 语言实现的。

⑤ 人工智能——Python 在人工智能界的霸主地位已经是毋庸置疑的了。无论是机器学习、大数据分析还是深度学习，都需要用 Python。目前学术界最流行的两大深度学习框架 TensorFlow 和 Pytorch，都是基于 Python 开发的。Python 的成功很大程度上得益于它的易用性。

⑥ 自动化运维——从事运维工作的人员必须会写脚本，写脚本首推 Python 语言。毕竟"人生苦短，我用 Python"。

⑦ 金融数据分析——金融行业中的许多数据分析程序、高频交易软件都是用 Python 写的。目前，Python 已经成为金融数据分析、量化交易等诸多领域里使用最多的语言。

⑧ 科学运算——1997 年开始，NASA 就在大量使用 Python 完成各种复杂的科学运算。通过导入 NumPy、Scipy 等第三方库，可以非常方便地进行科学运算。Matplotlib 等库具有非常强大的画图功能。许多机器学习算法都可以使用 Python 轻易地编写出来。

⑨ 游戏开发——因为 Python 简单易用，拥有丰富的第三方库，所以用 Python 开发游戏也是比较容易的。目前在网络游戏开发中 Python 也有很多应用，例如知名游戏"文明"就是用 Python 写的。和 Lua 语言相比，Python 有更高阶的抽象能力，可以用更少的代码来设计游戏。

1.3 Python 怎么样

由于 Python 的易用性和强大的第三方库，无论你想做哪个方向的技术编程，几乎都能找到相应的库支持，尤其是在近些年火热的人工智能领域，从业人员可以综合利用 Python 的库快捷地开始各自的项目。

不管你要从事人工智能技术研究，还是各行各业大数据分析；不管你是专业的程序员，还是业余的编程爱好者；不管你是学校里认真上课的学生，还是已经走出校园步入社会的打工者，Python 都是你应该学习的语言，因为 Python 的发展前景非常光明，所以，别犹豫了，快跟随本书一起学习 Python 语言吧。

第2章 Python的使用方法

2.1 Python 安装

2.1.1 Windows 下安装 Python

工欲善其事，必先利其器。我们想要学好这门语言，要做的第一件事就是下载并安装好 Python。安装 Python 非常容易，可以在它的官网看到许多不同的版本，地址是 https：//www.python.org/downloads/windows/，这里，我们选择 3.7.3 版本的 Python，打开链接如图 2-1 所示，版本会一直更新，选择任意一个适合自己电脑的版本，建议安装 3.0 以上版本。

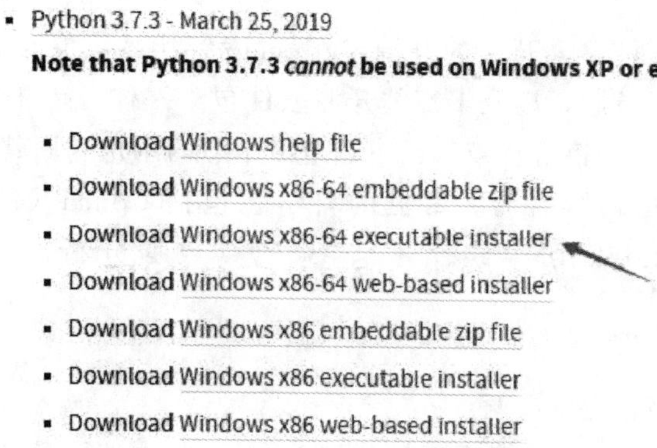

Python 3.7.3 - March 25, 2019
Note that Python 3.7.3 cannot be used on Windows XP or earlier.
Download Windows help file
Download Windows x86-64 embeddable zip file
Download Windows x86-64 executable installer
Download Windows x86-64 web-based installer
Download Windows x86 embeddable zip file
Download Windows x86 executable installer
Download Windows x86 web-based installer

图 2-1 Python 下载

安装 Python3 非常简单，打开下载好的安装包，按照默认选项安装即可。安装完成后打开命令提示符，输入“python-V”，出现 Python 版本号表示安装成功，如图 2-2 所示。

C:\Windows\system32\cmd.exe
Microsoft Windows [版本 10.0.18363.900]
(c) 2019 Microsoft Corporation。保留所有权利。
C:\Users\28004>Python -V
Python 3.7.3

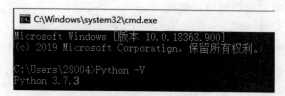

图 2-2 显示 Python 版本号

2.1.2 Linux 下安装 Python（以 Ubuntu 为例）

Ubuntu 系统自带 Python2.7，这里我们通过重新安装 Python3.7 来说明 Python 的安装过程。在 Linux 下安装，首先点击鼠标右键打开终端，按照如下步骤操作（括号内容为注释）。

① wget https：//www. python. org/ftp/python/3. 7. 3/Python-3. 7. 3. tgz（从官网下载安装包）。

② tar-zxvf Python-3. 7. 3. tgz（解压安装包）。

③ cd Python-3. 7. 3（切换到该安装包所在的文件目录下）。

④ . /configure --prefix＝/usr/local/python37（指定具体安装 Python 的文件路径，便于后面的系统管理）。

⑤ make（编译）。

⑥ make install（安装）。

⑦ mv/usr/bin/python/usr/bin/python. bak（备份原 Python 文件）。

⑧ ln-s/usr/local/python37/bin/python3. 7/usr/bin/python（建立 Python3. 7 的软连接）。

这样就安装好了 Python3. 7。同样在终端输入"python-V"可查看安装好的 Python 版本号。

2. 1. 3　Anaconda 的使用

（1）Anaconda 简介

Anaconda 是一个数据科学家开发的开源 Python 发行版本，它集包管理器，环境管理器，Python/R 数据科学发行版，以及丰富的开源软件包于一体。由于其功能丰富、使用免费、安装简单、免费的社区支持等优点，已有超过 2 千万的用户利用其解决棘手的问题，被誉为全球最受欢迎的数据科学平台。常见的科学包包括 Conda（包管理和环境管理）、NumPy（科学计算）、Matplotlib（绘图库）、SciPy（数据分析库）、IPython（交互式 Shell）等。

（2）Anaconda 的优点

Anaconda 的优点很多，主要有两点。

① 使用 Anaconda 可以方便地管理工具包和 Python 版本，而且 Anaconda 可以为不同的任务创建多个不同版本的 Python 虚拟环境，各个环境之间独立存在。Anaconda 还可以自动安装相关依赖包，大大提高了程序员的工作效率。

② Anaconda 是适用于企业级大数据分析的 Python 工具，包含 720 多个数据科学相关的包，在数据可视化、机器学习、深度学习等多方面都有广泛的应用。像 TensorFlow、Pytorch 这样流行的深度学习框架都可以使用 Anaconda 安装。

（3）Anaconda 的下载

Anaconda 的下载地址：https：//www. anaconda. com/download/（如需下载 Anaconda 的其他版本，可以访问 https：//repo. anaconda. com/archive）。根据系统和所需 Python 版本来选择产品。

（4）Anaconda 的安装

这里以 Windows 下安装为例，具体步骤如下。

① 双击下载好的安装程序启动安装。在弹出的【欢迎】窗口中，点击"Next"按钮进入下一步，如图 2-3 所示。

② 在弹出的【许可协议】窗口中，阅读许可条款，然后点击"I Agree"，如图 2-4 所示。

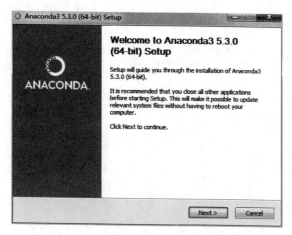

图 2-3　欢迎窗口

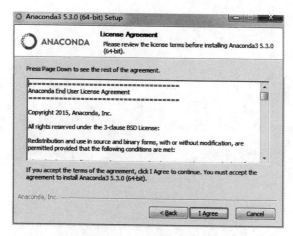

图 2-4　许可协议窗口

③ 在弹出的【选择安装类型】窗口中，勾选 "All Users" 为所有用户安装（需要 Windows 管理员权限），勾选 "Just Me" 仅为当前用户安装，如图 2-5 所示。并点击 "Next" 进入下一步。

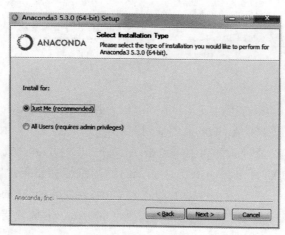

图 2-5　选择安装类型窗口

④ 选择要安装 Anaconda 的目标文件夹安装路径，然后点击"Next"，如图 2-6 所示。

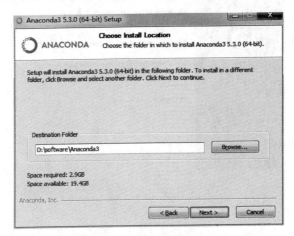

图 2-6　选择安装位置窗口

⑤ 选择是否将 Anaconda 添加到操作系统的 PATH 环境变量中，如图 2-7 所示。

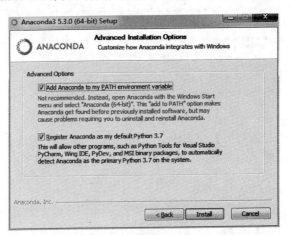

图 2-7　高级安装选项窗口

简单说明一下这两个选项。

a. Add Anaconda to my PATH environment variable（将 Anaconda 添加到系统的 PATH 环境变量）：不建议将 Anaconda 添加到 PATH 环境变量中，因为有可能会干扰其他软件，安装成功后，可以通过从开始菜单点击 Anaconda Navigator 或 Anaconda Prompt 运行 Anaconda。此外，PATH 变量的设置也可以由用户在后期更改。

b. Register Anaconda as my default Python3.7（将新安装的 Anaconda 作为系统默认的 Python3.7 运行端）：如果计划安装和运行多个版本的 Anaconda 或者多个版本的 Python，则勾选此复选框。

⑥ 点击图 2-7 中"Install"按钮，完成安装。

⑦ 随后在弹出的【安装完成】窗口中，点击 "Next" 按钮进入下一步。可选：安装 VS 软件。可直接点击 "Skip" 进入下一步。

⑧ 安装成功后，将看到 "感谢安装 Anaconda" 对话框。

⑨ 如果想要了解更多关于 Anaconda Cloud 以及如何开始使用 Anaconda 的信息，可以勾选 "Learn more about Anaconda Cloud" 和 "Learn how to get started with Anaconda"，点击完成，就会打开相应帮助网页。

（5）Anaconda 的常用方法

① 因为 Anaconda.org 的服务器在国外，用户会发现在安装 packages 时，下载速度可能很慢，国内有很多资源如清华 TUNA 镜像源有 Anaconda 的镜像，将其加入 Conda 的配置即可。

如可以通过以下指令完成清华 TUNA 镜像的添加：

conda config --

add channels https：//mirrors.tuna.tsinghua.edu.cn/anaconda/pkgs/free/

设置搜索时显示通道地址：

conda config --set show _ channel _ urls yes

② 在命令窗口直接输入 Spyder，系统会自动启动 Spyder3。

③ 常用的 Conda 命令。

如 conda list（显示已安装的包）、conda - version（显示版本号）、conda search ＊＊＊（搜索包）、conda install（安装包）、conda update（更新包）、conda remove（删除包）等可以按需要学习。

2.2 选择合适的开发环境

2.2.1 Spyder 的使用

如果我们使用 Anaconda 安装 Python 环境，在安装 Anaconda 时会默认安装 Spyder，这样就不用我们自己另外安装了。Spyder 采用 "工作空间" 的形式，可以很方便地观察和修改变量。环境安装好后，我们启动 Anaconda，然后选择 Spyder，就可以愉快地写代码了。打开后界面如图 2-8 所示。

打开 Spyder，我们可以在界面上看到 "Editor" "Object inspector" "Variable explorer" "File explorer" "Console" "History log" 以及两个显示图像的窗格，这些窗格都可以随意调整位置和大小。当多个窗格同时出现在一个区域时，它们将以标签页的形式显示。表 2-1 列出了 Spyder 界面中的主要组成部分。

表 2-1 Spyder 的主要组成部分

窗格名称	作用
Editor(编辑器)	编写代码，以标签页的形式显示多个文件
Console(控制台)	运行程序，显示错误、结果等信息
Variable explorer(变量浏览器)	查看程序中的变量
Object inspector(对象观察器)	查看对象的说明文档和源程序
File explorer(文件浏览器)	打开程序文件或者切换路径

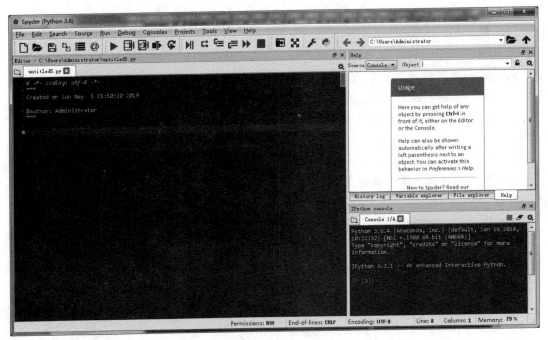

图 2-8　Spyder 界面

　　程序编写好后，按下键盘上的 F5 键可以运行程序。如果是第一次运行，将自动弹出一个配置的界面。如果在后续的使用中还想重新进行配置，可以通过 "Ctrl＋F6" 快捷键调出配置界面进行配置。配置界面时有如下几点要注意。

　　① 控制台：总共有三个可选项，在当前的控制台运行、在新建的控制台运行和调用外部系统控制台运行。如果没有特殊需求，建议直接在当前的控制台运行。

　　② 移除所有变量：如果需要在运行新程序前移除之前的所有变量，请勾选此选项。

　　③ 进入调试模式：勾选此选项后，当程序出现错误时，程序会自动进入调试模式，方便用户调试程序。

　　④ 命令行参数：假如程序运行时需要输入固定的外部参数，可以在此处填写相关参数，程序会自动调用。

　　⑤ 工作目录设置：总共三个选项，当前被执行文件的目录、当前的工作目录和自定义目录。根据实际情况自行选择。

　　Spyder 的功能比较多，这里仅介绍一些常用的功能和技巧。

　　① 如果需要在变量浏览器中显示以大写字母开头的变量，可以单击工具栏中的配置按钮（最后一个按钮），在打开的菜单中取消 "Exclude capitalized references" 的选中状态可以实现。

　　② 快捷操作：控制台中按 Tab 按键自动补全命令。在变量名之后输入 "?"，可以在对象观察器中查看说明文档。Options 菜单中的 "Show source" 选项可以选择是否显示函数的源程序。

　　③ 路径修改：通过工作目录工具栏修改程序的工作路径，这个功能可以帮助我们用同一个程序处理不同文件夹下的数据。程序运行时是以工作目录中的路径作为工作路径的。

　　④ 跳转到定义：在程序编辑窗口中按住 Ctrl 键，并单击变量名、函数名、类名或模块名，可以快速跳转到定义位置。如果这个定义存储在其他文件中，跳转功能将打开该文件。

这个功能可以帮助我们快速查看各个模块的源程序，在使用新的模块时尤其有用。

2.2.2 PyCharm 的安装与使用

PyCharm 是 Python 的一个集成开发环境，其语法高亮突出显示、代码跳转、项目管理、智能提示、版本控制等特色使得 Python 代码的编写、分析、调试效率获得很大的提升。

（1）PyCharm 的下载

用户可以从官网 https：//www.jetbrains.com/pycharm/download/下载 PyCharm 安装程序，正确选择操作系统（Windows、Mac OS、Linux）所对应的版本。以 Windows 为例，下载界面如图 2-9 所示。下面我们简要介绍 PyCharm 社区版（Community）的安装和使用。

图 2-9　PyCharm 下载界面

（2）PyCharm 的安装

双击下载好的.exe 文件，进入安装界面开始安装。

① 点击"Next"进入安装目录选择界面，点击"Browse"选择自己要安装 PyCharm 的目录。双击下载好的.exe 文件，进入安装界面开始安装。如图 2-10 所示。

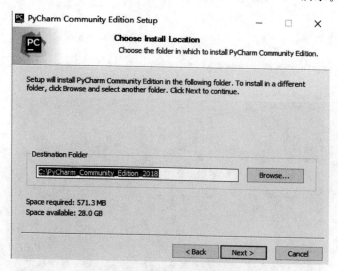

图 2-10　PyCharm 安装路径选择

② 点击"Next"，勾选与使用的计算机位数（32 位或 64 位）对应的选择框创建桌面快捷图标，界面如图 2-11 所示。

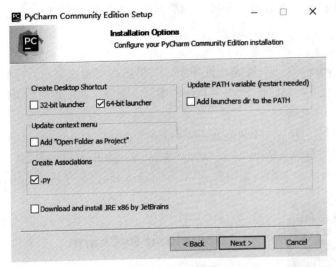

图 2-11　PyCharm 安装系统位数选择

③ 依次在弹出的界面中点击"Next"—"Install"—"Finish"按钮完成 PyCharm 的安装。

（3）PyCharm 的使用

① 安装完成后，用户可以通过双击电脑桌面上 PyCharm 快捷方式，打开如图 2-12 所示的界面，点击"OK"继续。

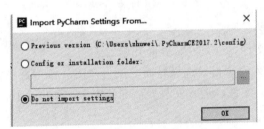

图 2-12　点击 PyCharm 图标后的界面

② 在弹出的窗口中分别单击"Accept"—"OK"进入如图 2-13 所示的界面。

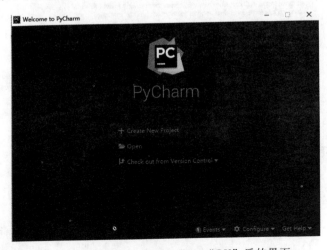

图 2-13　依次点击"Accept"—"OK"后的界面

③ 点击弹出窗口中的"Create New Project",进入如图 2-14 所示的界面。弹出窗口中第一行的 Location 显示了当前创建 Python 工程的路径和 Project 名字;窗口中第二行的 Interpreter 是你安装的 Python 解释器,默认的情况下已经帮你选择好,目录为 Anaconda 的安装目录下的 python.exe 文件。选择好后,点击"Create"。

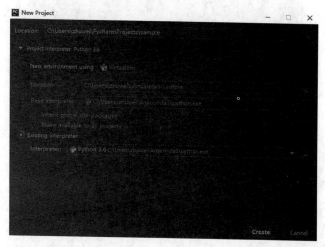

图 2-14 点击"Create New Project"后的界面

④ 点击"Creat"将弹出如图 2-15 所示的新窗口,使用右键单击图 2-15 中的左上角的工程名(test),选择弹出菜单的"New",在其子菜单中单击"Python File",可以在弹出的窗口中写入需要新建的 Python 文件名。

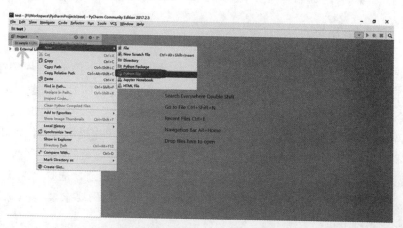

图 2-15 新建一个 Python 工程

⑤ 新建的 Python 文件创建成功后,用户就可以根据实际需要开始编写自己的 Python 程序了。

2.2.3 文本编辑器配合终端的使用方法

通过 Python 的交互式命令行形式实现编写和调试代码非常直观方便,但是对于含有较多代码的项目完成缺乏合理有效的代码管理方式,代码的重复利用困难。在项目的完成中,开发人员通常会使用文本编辑器来实现代码的编写,文本编辑器可以避免大型开发环境启动缓慢的问题,同时可以方便地将代码保存为文件,方便后续的重复利用,适合开发代码较少的项目。

本书推荐两款好用的文本编辑器，一个是 Sublime Text，可以免费使用。如图 2-16 所示。

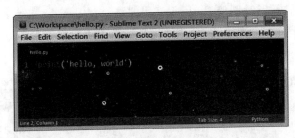

图 2-16　Sublime Text 界面

图 2-17 所示是 Notepad＋＋，功能强大，免费使用，而且支持中文，非常方便。

图 2-17　Notepad＋＋界面

> ◎ 注意
>
> 　有些读者朋友可能看到可以用文本编辑器写代码，就想直接用 Windows 系统自带的记事本或者 Word，这样做是错误的。因为记事本和 Word 不是纯文本编辑器，它们保存的文件中含有特殊格式相关的字符，会导致程序运行错误。

用编辑器写好代码后，我们保存为"name. py"。然后打开命令提示符，首先使用 cd 命令进入代码文件所在文件夹，也可以直接在文件夹中按住 shift 键的同时点击鼠标右键，选择在此处打开命令行窗口。在命令行中输入"python name. py"，然后按下 ENTER 键，程序就运行了。如果代码中有错误，命令行界面上也会有错误信息提示，根据提示修改代码即可。

因为文本编辑器体积小、启动速度快，所以用它们写一些简短的小程序就非常快了。尤其是 Notepad＋＋，在编辑界面的文件名标签栏上点击鼠标右键，选择"打开所在文件夹（命令行）"，可以快速打开命令行工具。使用文本编辑器写代码要求读者熟练使用 Python 语言，尽可能少出现 bug。

2.3　Python 初体验

2.3.1　第一个 Python 程序

学会怎么安装 Python 之后，我们来尝试编写第一个 Python 程序："hello world!"，这个程序几乎是每个编程人员的第一个程序。代码很简单：

```
print('hello world!')
```

运行程序，屏幕上将显示"hello word!"。

要实现这个程序，我们有两种方法。

（1）使用交互式 Python 环境输出

打开命令提示符，输入 python 并回车，将进入 Python 终端，界面如图 2-18 所示。

图 2-18　用 cmd 打开 Python

进入 Python 终端后，我们输入 print（'hello world!'），然后回车就能看到结果了，如图 2-19 所示。

图 2-19　用 cmd 打开 Python 编写程序

如果你的结果和图片上展示的一样，那么恭喜了，你的程序运行成功！

（2）写成一个脚本再使用

打开上文介绍的文本编辑器，此处选择 Notepad＋＋，新建一个文件，在文件中输入 print（'hello world!'）。然后另存为 hello.py。在标签栏上点击鼠标右键打开命令行，输入 python hello.py，然后回车运行就能看到运行结果了，如图 2-20 所示。

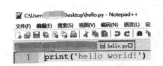

图 2-20　在 Notepad＋＋中编写代码

2.3.2　Python 语言风格

我们编写代码时要尽可能地遵循统一的规范，这样方便人们阅读和维护代码。以下列举了一些常见的编码风格。

① 分号：一行书写一个语句，尽量少用分号。一行中的若干个语句可以用分号隔开。

② 每行长度：如果单个语句太长，建议分成多行书写。一般每行最多 80 列。

③ 圆括号：在能正确实现功能和方便阅读的情况下，少用括号。

④ 缩进：推荐使用 4 个空格进行缩进。

⑤ 空格：每一行语句中用一个空格分隔单词

⑥ 空行：使用 2 个空行分隔类和非此类的方法，使用一个空行分隔类内的方法。

⑦ 类：如果没有合适的基类，就继承 object。

⑧ 字符串：使用字符串时少用＋和＋＝进行拼接。

⑨ 命名：声明某一个变量时，多个单词之间用下划线分隔，不要直接用短横线。例如first _ var，而不写成 first-var。

⑩ 程序入口：程序入口一般为：if _ name _ ==' _ main _ '。

2.4　管理 Python 库

2.4.1　模块的导入

模块是什么呢？模块就是程序，也就是我们已经保存好的代码。对于一些常用的和通用的代码，我们可以把它们单独写入一个文件保存起来，当我们需要使用的时候，直接导入进来就行。例如我们再新建一个 module.py，如图 2-21 所示。

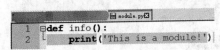

图 2-21　代码内容

当我们把这个文件保存起来的时候，它就是一个独立的 Python 模块了，这时候再新建另一个 Python 文件（注意要在同一路径下），内容里写上 import module 就可以导入这个模块了。在实际应用中有许多别人已经写好的模块，这些模块都非常有用，一般常见的任务都有相应的模块可以实现，所以我们要学会调用这些模块来加以应用。

2.4.2　第三方库的安装与导入

既然有那么多现成的模块，那么我们怎么运用呢？首先得先安装好需要的库。下面介绍两种库的安装方法。

（1）使用 pip 安装

安装 Python 的时候也会自动安装 pip。打开命令行，输入以下代码：

pip install lib_name。

library_name 是要安装的库的名字。如果 pip 找不到该库或者下载太慢，可以用其他方式下载库文件，然后使用 pip 安装下载好的文件，命令如下：

pip install lib_path

library_path 是下载好的库文件的路径，其中文件名以.whl 结尾。直接在该文件所在文件夹打开命令行可以省去输入完整路径。

（2）源文件安装

有时候我们可能会从 gitee 等渠道下载第三方库的源文件，这些源文件需要我们自己编译后才能使用。首先进入该源文件夹，然后在此处打开命令行，输入 python setup.py install 进行安装。如果没有特别说明，不要使用管理员权限进行安装。

有些第三方库也会提供.msi 或者.exe 格式的安装包，这些安装包可以通过鼠标双击安装，根据提示进行相应处理就行。在下载这些安装包的时候，一定要注意支持的 Python 版本和电脑系统版本，如果这些不一致的话可能导致安装或者运行过程中出现不可预知的错误。

2.4.3 国内镜像源介绍

很多时候我们从官方渠道下载第三方库时会出现下载速度非常慢、甚至无法下载的问题，这一般是由于网络原因造成的。这个时候我们可以从国内的镜像源下载，速度非常快。下面列举了几个常用的镜像源网站。

① 清华大学 http：//mirrors.tuna.tsinghua.edu.cn/

② 网易 http：//mirrors.163.com/

③ 开源中国 http：//mirrors.oschina.net/

④ 阿里云 http：//mirrors.aliyun.com/

⑤ 浙江大学 http：//mirrors.zju.edu.cn/

第**3**章 Python高效学习方法

3.1 如何使用本书

古语有云，"欲速则不达"，不论是编程还是其他事情，都不能追求一蹴而就。想要学好Python，一方面，我们要对Python有兴趣，快乐地学习；另一方面，我们要找到高效的学习方法，容易学才能更想学。

这种高效学习法的核心在于：

精简：学习本书最核心的知识。所谓核心，其实就是需要。根据自己的需求进行学习。如果你是初学者，可以把重点放在前面的基础知识，有选择性地学习后面的实践部分。如果你已经会Python了，那就根据自己的实际需求选择实践部分进行学习。

理解：只有理解了自己学习的东西，才是真正学到了。学习编程类似于学习数学，光靠死记硬背没用。语法只是基础，运用才是重点。所以一定要理解书中的知识，尤其是实践部分，学会如何使用Python来方便我们的学习、生活和工作。

实践：编程编程，就是一定要动手编写程序，多实践才能真正将Python运用自如。本书的后半部分提供了许多Python的常用案例，读者可以选择性学习，也可以全部学习。先读懂案例，然后移植、改进，将Python用到自己学习和工作中。通过实践，把自己培养成编程高手。

3.2 如何提高 Python 编程能力

关于如何提高Python编程能力，其实3.1节中已经提到很多了，一是学，二是练。先学习基础的语法知识，然后根据本书提供的应用案例，练习如何使用Python。如果觉得本书提供的案例不够，可以从实际生活中寻找各种有趣的问题，然后用Python来解决问题，这也是提高编程能力的一种方法。比如，使用Python自带的库批量处理文件和文件夹，使用爬虫技术从网上爬取自己喜欢的图片、歌曲等，使用OpenCV玩跳一跳等手机游戏。另外，还可以通过刷编程算法题来提高编程能力，比较著名的刷题网站有牛客网、Leetcode等。

最后，想提高Python编程能力，必须充分利用好本书，多实践多编程。

第2篇

Python应用基础

第4章 简单变量与字符串

在 Python 中，会开辟一段内存空间来保存存储值，这个用于保存存储值的内存位置就是变量。变量的数据类型可以是整数、小数以及字符等，通过解释器分配的内存来存储保留在存储器中的值。

4.1 变量赋值

Python 编程中，变量赋值包括单变量赋值和多变量赋值（多重赋值）。

4.1.1 单变量赋值

Python 不需要在赋值前对变量进行定义或声明，可以直接进行变量的赋值，在对变量进行赋值时，Python 会根据右边的值在计算机内存中开辟相应的空间保存具体的值，例如：

```
num_float = 99.0    ♯浮点型。
num_int = 99     ♯整数型。
num_str = 'Python'    ♯字符串。
print(num_float)
print(num_int)
print(num_str)
```

这里，99.0、99 和 Python 分别是分配给 num_float、num_int 和 num_str 变量的值。执行上面代码将产生以下结果：

```
99.0
99
```

```
Python
```

4.1.2 多变量赋值

Python 允许同时对多个变量进行同一值赋值。例如：

a = b = c = d = 'Python'　　对四个变量分配相同的内存空间,数据类型为字符串型,值为 Python。

print(a,b,c,d)

输出结果为：

```
Python Python Python Python
```

4.2 数字用法及其类型

在 Python 中，我们会经常使用数字来记录游戏得分、显示可视化数据、显示时间日期、存储 Web 应用信息等。Python 语言采用不同的数字形式来分别表示不同的功能。

4.2.1 数字用法

Python 中数字的用法主要包括整数、浮点数、数字字符串和日期等的使用。在 Python 中直接输入的数字默认是整数或者浮点数。例如：

a = 9

b = 9.9

print(type(a))　　　#type 是一个内置的关键字,表示查看数据类型。

print(type(b))

输出结果为：

```
<class 'int'>
<class 'float'>
```

另外，对于数字字符串，例如：

Str = '0123'

print(type(Str))

输出结果为：

```
<class 'str'>
```

Python 通过 time 和 calendar 两个模块来格式化时间日期。时间间隔是以秒为单位的浮点小数，用计算 1970 年 1 月 1 日零点开始到当前时间点所经过的时间段来表示。例如：

import time　　　#导入 time 模块。

time_now = time.time()

print(time_now)

输出结果为：

```
1550302324.0797684
```

4.2.2 数据类型

（1）整数和浮点数

整数和浮点数都可以进行四则运算（加、减、乘、除）。整数与整数之间的运算，例如：

```
a = 1
b = 2
c = a + b
print(c,type(c))
```

输出结果为：

```
3  <class 'int'>
```

整数与浮点数之间的运算，例如：

```
a = 1
b = 1.0
c = a + b
print(c,type(c))
```

输出结果为：

```
2.0  <class 'float'>
```

另外，对于两个"＊"表示乘方的运算，例如：

```
a = 2
b = a ** 3
print(b)
```

输出结果为：

```
8
```

Python 允许一个表达式中出现多种运算，根据规定的运算次序计算该表达式的值。我们也可以通过添加括号的方式来改变表达式的运算顺序。例如：

```
a = 3 * 4 + (3 + 2)/5
b = 3 * 4 + (3 + 2)//5
print(a,type(a))
print(b,type(b))
```

输出结果为：

```
13.0  <class 'float'>
13  <class 'int'>
```

我们发现 3 ＊ 4＋(3＋2)/5 都是整数之间的运算，但是最后输出的结果却是浮点型，而 3 ＊ 4＋(3＋2)//5 最后输出的结果才是整数型。那是因为 Python 默认"/"运算表示浮点型运算，而"//"表示整型运算。例如：

```
a = 16/3
b = 16//3
print(a,type(a))
print(b,type(b))
```

输出结果为：

```
5.333333333333333  <class 'float'>
5 <class 'int'>
```

（2）时间与日期

Python 的日期显示格式转换非常方便，可以通过 time 模块下的多个函数来实现。函数 time. time() 用于获取当前时间点，但是返回的是一个浮点型的小数格式，我们需要的是正常的时间格式，为此，我们需要将当前的时间点转换为日期格式。我们可以将浮点型数字传给 localtime（）之类的函数，然后通过函数 asctime（）转换成正常的格式。例如：

```
import time
localtime = time. localtime(time. time())
print(localtime)
date = time. asctime(localtime)
print(date)
```

输出结果为：

```
time. struct_time(tm_year = 2019,tm_mon = 2,tm_mday = 16,tm_hour = 16,tm_min = 23,tm_sec = 10,tm_wday = 5,tm_yday = 47,tm_isdst = 0)
Sat Feb 16 16:23:10 2019
```

另外，通过 time 模块的 strftime（）方法来实现日期的格式化。格式化成 2019-01-01 01：01：01 的形式。例如：

```
date = time. strftime(" % Y-% m-% d % H:% M:% S",time. localtime())
print(date)
```

输出结果为：

```
2019-02-16 16:27:08
```

Python 中时间日期格式化函数 strftime（）中符号的使用方法如表 4-1 所示。

表 4-1　strftime（）中符号的使用方法

符号	含义	符号	含义
%y	年份表示(00～99)	%B	完整月份名称
%Y	年份表示(0000～9999)	%c	日期表示和时间表示
%m	月份(01～12)	%j	年内的一天(001～366)
%d	月内的一天(0～31)	%p	A. M. 或 P. M. 的等价符
%H	小时数(0～23)	%U	一年中的星期数(00～53),星期天为开始
%I	小时数(01～12)	%w	星期(0～6),星期天为星期的开始
%m	分钟数(00～59)	%W	星期数(00～53),星期一为星期的开始
%S	秒(00～59)	%x	日期表示
%a	简化星期名称	%X	时间表示
%A	完整星期名称	%Z	时区的名称
%b	简化月份名称	%%	%号本身

calendar 模块有很广泛的方法用来处理日历，例如打印 2019 年 1 月的日历：

```
import calendar
cal = calendar. month(2019,1)
print(cal)
```

输出的结果为：

```
January 2019
Mo   Tu   We   Th   Fr   Sa   Su
      1    2    3    4    5    6
 7    8    9   10   11   12   13
14   15   16   17   18   19   20
21   22   23   24   25   26   27
28   29   30   31
```

4.3 字符串

在 Python 中，字符串（string）表示文本的数据类型，字符串的本质是由零个或多个字符组成的有限序列。在 Python 中，用引号括起的都是字符串，其中的引号可以是单引号，也可以是双引号。例如：

'I love Python. '

"I love Python. "

字符串可以只是一个符号、数字、字母或中文等，也可以是它们之间的任意组合，包含字母（A~Z，a~z）、数字（0~9）、特殊符号（？~！♯＄％…）或者空格、换行等。例如：

'我爱 Python. '

'我爱 Python,最喜欢的版本是 Python3!'

'Python 中特殊符号有!@♯￥＊&?...'

4.3.1 字符串的声明和访问

在最新的 Python3 版本中，字符串是以 Unicode 编码的。因此，在 Python3 环境中声明的字符串支持多语言。例如：

print('我爱 Python3')

输出结果为：

我爱 Python3

上面说了字符串的定义声明，接下来讲 Python 是怎样访问字符串中的内容的。在 Python 中，可以采用中括号"［］"来访问字符串。例如：

var = 'I love Python! '

print(var[0],var[-1])   ♯访问字符串的第一个字符和最后一个字符。

print(len(var))   ♯访问字符串的长度。

输出结果为：

I

!

14

> 💿 注意
>
> 字符串中的一个空格也属于一个字符!

有时候，如果我们想访问字符串中的第 i 个字符到第 i+2 个字符时，我们可以通过以下方式访问。例如：

```
var = 'I love Python! '
print(var[2:5])      #访问字符串的第 3 个到第 5 个字符。
```

输出结果为：

```
lov
```

这里需要注意的是，Python 计数都是从 0 开始的。在截取字符串里面的内容时，如从第 i 位开始，截取三个字符，应当是截取的第 i、i+1、i+2 这三个字符。例如：

```
var = 'Python'      #截取第 1 个字符以及之后的两个字符。
print(var[1:3]) #截取的字符为第 2 个字符到第 3 个字符。
```

输出结果为：

```
yt
```

4.3.2 字符串拼接

在实践过程中，我们经常会遇到字符串的合并问题。Python 编程中，字符串的合并采用"+"进行拼接。当我们在读取文件路径的时候，经常会设置一个根路径用于存放源码，同时根路径下面还存放各个文件夹，我们想要读出文件中的数据，此时，可以设置一个叫 root 的路径作为根路径，根路径下面有一个 dataset.txt 文件，例如：

```
root = 'root'
path = 'dataset. txt'
data_path = root + '/' + path
print(data_path)
```

输出结果为：

```
'root/dataset. txt'
```

按照这样的形式，就可以选择性地更换要读取的文件。

4.3.3 字符串修改

对于已经定义的字符串，我们也可以按照需要的形式对其进行修改。常用的字符串操作方式有分段（split）、跳过（strip）以及替换（replace）等。

（1）split 操作

在处理数据的时候会经常用到字符串分段，如果你想将一句话"Hello world I love Python"中的每一个单词都分开，那么就可以采用 split 操作。例如：

```
var1 = 'Hello world I love Python'
var2 = var1. split(' ')      #按照空格划分字符串。
print(var2[0],var2[-1])
```

输出结果为：

```
Hello Python
```

（2）strip 操作

strip 是移除字符串头尾指定的字符序列，如果你想跳过"Hello world I love Python"这句话中的字符"H"，那么可以：

```
var1 = 'Hello world I love Python'
var2 = var1. strip('H')
print(var2)
```

输出结果为：

```
'ello world I love Python'
```

同样地，你如果想移除 Python 这个单词的话，例如：

```
var1 = 'Hello world I love Python'
var2 = var1. strip('Python')
print(var2)
```

输出结果为：

```
'Hello world I love '      ♯注意这里 love 后面有空格。
```

（3）replace 操作

了解了 strip 操作，会有人提出，万一想去掉某一个单词怎么办？strip 去掉的是首尾指定的字符。如果想去掉"world"这个单词，能不能用 strip 呢？例如：

```
var1 = 'Hello world I love Python'
var2 = var1. strip('world')
print(var2)
```

输出结果为：

```
Hello world I love Python
```

我们发现，字符串没有改变。说明 Python 中的 strip 操作不能去掉中间的某些字符。但是，Python 中的另一个字符串操作 replace 可以实现。我们不能移除"world"，但是我们可以替换"world"成空字符。例如：

```
var1 = 'Hello world I love Python'
var2 = var1. replace('world', '  ')
print(var2)
```

输出结果为：

```
Hello   I love Python      ♯注意，"Hello"和"I"之间有两个空格。
```

根据上述例子，我们可以总结出 replace（old，new，max）的使用方法就是把字符串中的旧字符串替换成新字符串，如果指定第三个参数 max，则替换不超过 max 次。例如：

```
var = 'I am a man!'
print(var. replace('a', 'e', 2))
print(var. replace('a', 'e', 3))
```

输出结果为：

```
I em e man!
I em e men!
```

4.3.4 字符串其他常用方法

Python 用转义字符（反斜杠 \ ）来实现特殊字符的显示，如表 4-2 所示。

表 4-2 转义字符说明

转义字符	解释	转义字符	解释
\	续行符	\n	换行
\\	反斜杠(\)	\v	纵向制表符
\'	单引号	\t	横向制表符
\"	双引号	\r	回车
\a	响铃	\f	换页
\b	退格	\oyy	o 后面的两位数为八进制数
\e	转义	\xyy	x 后面的两位数为十六进制数
\000	空	\other	其他字符以普通格式输出

字符串中也有一些常用的操作符，如表 4-3 所示。

表 4-3 操作符说明

操作符	解释
+	字符串连接，如 print('a'+'b')，将输出:ab
*	重复输出字符串，如 print('a'*2)，输出:aa
[]	获取字符串中字符如 a='Python',print(a[1])将输出:y
[:]	截取字符串中的一部分，如 a='Python'，代码 print(a[1:5])将输出:ytho
in	字符串中包含给定的字符返回 True，如 a='Python','t' in a 输出:true
not in	字符串中不包含给定的字符返回 True，如 a='Python','t' not in a 输出:False

和其他的编程语言一样，Python 也支持格式化字符串的输出。通常 Python 最基本的用法是将一个值放进另一个有字符串格式符（％s）的字符串中进行使用，如表 4-4 所示。

表 4-4 格式符的用法

格式符	解释	格式符	解释
%c	格式化字符 print('a is %c' %'Z'): a·is Z	%f	格式化浮点数字
%s	格式化字符串 print('a is %s' %'Zoo'):a is Zoo	%e	科学计数法格式化浮点数
%d	格式化整数 print('a is %d' %-9):a is -9	%E	作用同%e
%u	格式化无符号整型 print('a is %u' %9):a is 9	%g	%f和%e 的简写
%o	格式化无符号八进制数	%G	%f和%E 的简写
%x	格式化无符号十六进制数	%p	用十六进制数表示的格式化变量的地址
%X	格式化无符号十六进制数(大写)		

4.4 变量的命名规则

在 4.1 节中已经详细陈述了变量的定义和赋值，本节将学习变量的命名。在 Python 编程中，变量的命名需要遵循一定的规则。

① 在变量赋值时，赋值符左右两边应各留一个空格（不留空格也能成功赋值）。

② 变量名不能以数字开头，只能包含字母、数字和下划线，注意变量名中的字母区分大小写，如 a 与 A 为两个不同的变量。

③ 变量名中不能有空格，如果需要表达词组格式的变量可以使用下划线，如 new _ Var。

④ Python 关键字和函数名不能用作变量名。

⑤ 要确保变量名清晰、明了、简单，能够清楚地表达出代表的含义。

在学习 Python 编程中，遵循这些命名规则可以有效地提升代码的简洁性和可读性。对于初学者而言，在练习 Python 编程的时候，多看看别人规范的代码，以便为自己今后参与项目开发打下一个良好的基础。

第5章 列表、元组和字典

列表、元组和字典都是 Python 中最基本的数据格式，它们可以存储任何一种形式的数据，各有各的特点和操作方式。接下来将学习这三种基本的数据格式以及它们的使用方法。

5.1 列表

列表（list）是 Python 的一种内置数据类型。列表是一系列有序的元素集合，在列表中，每一个元素都分配一个索引（该元素在列表中的位置）。你可以对列表中的元素进行切片、增加或者删除，也可以进行加、乘来改变列表中的元素。

（1）创建列表

Python 列表中用中括号（[]）表示把所有的列表元素包括起来，列表中的元素用逗号（,）隔开，列表中可以包含数字、字符串或者特殊字符等，也可以是它们中的任意组合。例如：

```
var1 = [1,2,3,1]
var2 = ['adc','sd','r']
var3 = ['@','#','%','&','?']
var4 = [1,'1','abc','#']
```

我们也可以创建一个空的列表，以备存储数据。例如：

```
var = []
for i in range(10):
    var. append(i)
print(var)
```

输出结果为：

```
[0,1,2,3,4,5,6,7,8,9]
```

append() 的用法是在 list 的末尾插入新的对象，基本格式为：append（obj）。例如：

```
var = ['0','2','a','b']
var. append('c')
print(var)
```

输出结果为：

```
['0','2','a','b','c']
```

（2）访问列表

之前说过，list 是一个有序的元素集合。因此在访问列表的时候，只需要给出一个索引，就可以访问列表中的值了。列表中的索引是从 0 开始到列表总长度减去 1 结束。例如：

```
var = [1,2,3,4,5]
print(var[0])
print(var[1])
```

```
print(var[4])
```
输出结果为：
```
1
2
5
```
如果超出了列表的索引，程序就会报错。例如：
```
var = [1,2,3,4,5]
print(var[5])
```
输出结果为：
```
IndexError:list index out of range
```
我们定义的列表总长度是 5，但是我们给定的索引是 5，也就是访问列表中的第 6 个元素，显然超过了列表的长度，因此程序就会报错。

有时候，我们只想访问列表的最后几个元素，这时我们可以将索引指定为负数，－1 就表示访问最后一个元素，－2 表示倒数第二个元素，以此类推。例如：
```
var = [1,2,3,4,5]
print(var[-1])
print(var[-2])
print(var[-3])
```
输出结果为：
```
5
4
3
```

> **注意**
>
> 采用负数索引访问列表时，最后一个元素是从 －1 开始。同样，负数索引也不能超过列表的总长度。

上述都是访问列表中的某一个元素，如果想访问第 i 个元素到第 j 个元素的值，那么就可以通过 [i-1：j] 的形式进行访问。例如：
```
var = [1,2,3,4,5,6,7,8,9]
print(var[1:3])
```
输出结果为：
```
[2,3]
```
我们可以发现，[1：3] 访问的是第 2 个元素到第 3 个元素。输出的结果还是一个 list 类型。如果是从首位开始，到第 j 个结束，访问的形式可以改为 [：j]。同理如果是从第 i 个元素开始的所有元素，那么访问的形式可以改为 [i-1：]。例如：
```
var = [1,2,3,4,5,6,7,8,9]
print(var[:3])        #访问前 3 个元素。
print(var[3:])        #访问从第 4 个元素开始的所有元素。
```
输出结果为：
```
[1,2,3]
```

[4,5,6,7,8,9]

同样地，我们也可以采用负数的形式访问列表中的某几个元素。例如：

var = [1,2,3,4,5,6,7,8,9]

print(var[:-3])

print(var[-3:])

输出结果为：

[1,2,3,4,5,6]

[7,8,9]

（3）更新列表元素

很多时候，我们需要修改或者删除列表中的元素，在 Python 中有几种更新列表元素的方法。

① 在列表末尾插入元素　可以采用 append（）方法在列表的末尾插入一个新的元素。例如：

var = ['a','b','c','d']

var. append('e')

print(var)

输出结果为：

['a','b','c','d','e']

② 在列表任意位置插入元素　append（）只能在列表的末尾插入新的元素，但是这不能满足在实际编程中的需求。为此，Python 采用了 insert（）方法。其用法为：insert（index，value），需要传入两个参数，第一个为索引，第二个为插入的元素。例如：

var = ['a','b','c','d']

var. insert(1,'e')

print(var)

输出结果为：

['a','e','b','c','d']

（4）列表的拼接

① 非重复拼接　列表与列表之间是可以拼接的，可以采用加（＋）运算进行拼接。比如将两个列表拼接成一个新的列表。例如：

var1 = ['a','b','c','d']

var2 = ['3','2','1']

var = var1 + var2

print(var)

输出结果为：

['a','b','c','d','3','2','1']

② 重复拼接　重复拼接列表中的元素，就是相当于列表多次拼接同一个列表。乘运算可以实现相同列表的重复拼接。例如：

var = ['a','b','c','d']

var = 3 * var

print(var)

输出结果为：

['a', 'b', 'c', 'd', 'a', 'b', 'c', 'd', 'a', 'b', 'c', 'd']

（5）删除、修改和弹出列表元素

列表中的元素也可以按照想要的形式进行删除、修改和弹出。

① del　在 Python 中，经常采用 del 删除列表中的元素。基本使用格式为：del List [index]，index 表示列表 List 的索引，del List [index] 就表示删除列表中的第 index 位元素。例如：

var = ['a', 'b', 'c', 'd']

del var[0]

print(var)

输出结果为：

['b', 'c', 'd']

采用 del 删除列表中的元素时，只要提前知道列表中的索引，就可以删除任何位置的元素。

② remove()　通过 remove() 可以在不需要索引的条件下，删除列表中不需要的元素。例如：

var = ['a', 'b', 'c', 'd', 'c']

var. remove('c')

print(var)

输出结果为：

['a', 'b', 'd', 'c']

我们可以发现，remove() 能删除不需要的元素，但是并不是删除全部不需要的元素。在 var 列表中存在两个 'c'，我们使用 remove() 的时候，只是删除了列表中索引值最小的那个元素。

③ pop()　表示弹出列表中任意一个元素，需要在 pop() 中传入一个索引，即 pop (index)。例如：

var = ['a', 'b', 'c', 'd', 'c']

print(var. pop(1))

print(var)

输出结果为：

b

['a', 'c', 'd', 'c']

pop() 弹出了列表中第 1 位的元素，原来列表也会自动删除这个元素。

（6）替换列表元素

列表中的元素可以直接赋值替换。例如：

var = ['a', 'b', 'c', 'd']

var[0] = '123'

print(var)

输出结果为：

['123', 'b', 'c', 'd']

列表中任意位置的元素都可以通过对应的索引进行替换。

（7）列表函数

在创建列表时，元素的排列顺序、数值大小以及列表的长度常常是无法预测的。为此，Python 提供了一些列表函数，用来帮助了解列表的一些基本特点。

① len() 函数返回列表的长度。例如：

```
var = ['a', 'b', 'c', 'd']
print(len(var))
```

输出结果为：

```
4
```

② max/min() 返回列表中的最大值或者最小值，列表元素必须是数字类型，才会真正返回元素数值的大小。例如：

```
var = [1,2,3,5,4]
print(max(var))
print(min(var))
```

输出结果为：

```
5
1
```

如果列表中的元素不全为数字，max() 返回列表的最后一个元素，min() 返回第一个元素。例如：

```
var = ['a', 'b', 'c', 'd', 'e', 'f', 'g']
print(max(var))
print(min(var))
```

输出结果为：

```
g
a
```

③ sorted() 返回经过排列后的列表元素。sorted() 对列表中的元素按照一定的顺序进行显示，同时不影响它们在列表中的原始排列顺序。例如：

```
var = ['zf', 'bf', 'ce', 'dv', 'e12', 'fdfg', 'gqw']
print(sorted(var))
print(var)
```

输出结果为：

```
['bf', 'ce', 'dv', 'e12', 'fdfg', 'gqw', 'zf']
['zf', 'bf', 'ce', 'dv', 'e12', 'fdfg', 'gqw']
```

如果列表中的元素都是数值，那么返回的就是从小到大的排列顺序。例如：

```
var = [0,2,4,1,5,3]
print(sorted(var))
```

输出结果为：

```
[0,1,2,3,4,5]
```

④ reverse() 将列表中的元素倒序输出。例如：

```
var = [123, 'bf', 'ce', 'dv', 'e12', 'fdfg', 'gqw']
var.reverse()
print(var)
```

输出结果为：

['gqw','fdfg','e12','dv','ce','bf',123]

5.2 元组

元组（tuple）是 Python 的另一种数据格式，和列表相似。但不同的是，元组里面的元素不可以修改，列表里面的元素是可以修改的。因此，元组可以看作是不可修改的列表。

（1）创建元组

元组一般采用小括号（圆括号）将元素组合起来，也可以不使用括号。一旦元组被定义，就不能改变。因此，元组可以使代码更加安全可靠。下面我们定义一个元组，例如：

```
tuple1 = (1,2,3)
tuple2 = (1,'r',3)
tuple3 = ('*','%','#')
tuple4 = ('1','a','#')
tuple5 = "a","b","c","d"
```

和列表的定义一样，元组中的元素也可以是任意值。但是，元组中只有一个元素的时候，需要在这个数后面加一个逗号。例如：

```
tuple1 = (10,)
tuple2 = (10)
print(tuple1,tuple2)
```

输出结果为：

(10,)10

当只有一个元素时，不加逗号的话，定义的数据格式就不是元组了。

（2）访问元组

元组的访问和列表一样，可以通过索引找到对应的元素。例如：

```
tuple1 = ('python','abc',123,456)
print(tuple1[0])
print(tuple1[-1])
```

输出结果为：

python

456

我们也可以采用循环语句来遍历元组中的所有元素。例如：

```
tuple1 = ('python','abc',123,456)
for tup in tuple1:
    print(tup)
```

输出结果为：

python

abc

123

456

（3）修改元组

这里说的修改元组，不是修改元组里面的元素，而是定义一个新的元组，或者将两个元组进行拼接，也可以对元组进行删除。例如：

```
tup = ('python', 'abc', 123, 456)
print(tup)
tup = ('python', 'abc', 123)
print(tup)
```

输出结果为：

```
('python', 'abc', 123, 456)
('python', 'abc', 123)
```

我们先定义了一个名叫 tup 的元组，里面包含四个元素。我们可以重新定义一个新的元组来替换原来的元组，达到删除元素的目的。元组与元组也是可以直接拼接的，例如：

```
tup1 = (1, 2, 3, 4)
tup2 = (5, 6, 7)
tup = tup1 + tup2
print(tup)
```

输出结果为：

```
(1, 2, 3, 4, 5, 6, 7)
```

有时候，一个元组执行完之后，想完全删除这个元组，可以采用 del 来删除元组。例如：

```
tup = (1, 2, 3)
print(tup)
del tup
print(tup)
```

程序在执行第一个 print 操作之后，就被删除了，当第二次 print 这个元组时，程序就会提示，tup 没有定义。

由于元组也是一个序列，所以 Python 在访问元组的时候，可以通过指定元素所在的索引或者通过某一段索引的截取进行访问。例如：

```
tup = (1, 2, 3, 4, 'a')
print(tup[:3])
```

输出结果为：

```
(1, 2, 3)
```

（4）元组函数

和列表一样，元组也有很多内置函数。

① len（） 可以返回元组的长度。例如：

```
tup = (1, 4, 2)
print(len(tup))
```

输出结果为：

```
3
```

② max/min（） 主要是返回元组元素中的最大值最小值，用法和列表一样。

③ tuple（） 可强制转换成元组类型。例如：

```
tup = [0, 1, 2, 3]
print(type(tup))
```

```
tup = tuple(tup)
print(type(tup))
```

输出结果为：

`<class 'list'>`

`<class 'tuple'>`

元组也可以通过运算符编辑其内部的元素，如表 5-1 所示。

表 5-1　元组运算符

运算表达式	输出结果	功能
len((98,87,76,65,54))	5	获取元组元素个数
(1,2,)＋(4,5)	(1,2,4,5)	连接
('Hello',) * 3	('Hello','Hello','Hello')	复制
3 in(1,2,4,5,3)	True	元素是否存在元组之中
for x in(11,22,33):print(x)	11 22 33	迭代

5.3　字典

字典是一种可以存储任意类型对象的可变容器。在 Python 中，字典是以键值对的形式存在的，每一个键都对应一个值。这个键值可以是数字、字符串、列表等任何 Python 对象。因为键的存在，使得字典具有极快的数据查找速度，不像列表那样，需要进行一一匹配查找。

（1）创建字典

键与键值之间用冒号连接，每一个键对应一个值，这样在查找数据的时候，就会变得非常高效。在 Python 中，字典用放在花括号 {} 中的一系列键值对表示。例如：

dict1 = {'小美':60,'小明':50,'小白':80,'小黑':90,'小黄':40,'小红':70}

dict2 = {1:60,2:50,3:80,4:90,5:40,6:70}

dict3 = {'小美':'mei','小明':'ming','小白':'bai','小黑':'hei','小黄':'huang','小红':'hong'}

一个键只对应一个值，一般键是唯一的，值可以重复，键值对之间采用逗号隔开，在创建字典时，字典的长度可以是任意长度，也可以随时增加或者删除键值对。

dict() 函数用于创建一个字典，基本用法有以下三种。

① class dict (**kwarg)

② class dict (mapping, **kwarg)

③ class dict (iterable, **kwarg)

其中，**kwargs 表示关键字；mapping 表示元素的容器；iterable 表示可迭代对象。例如：

dict()

输出结果为：

{}

通常，我们经常用 dict() 创建一个空的字典，用来存放数据。

现在传入字典键值对：

dict(a = '1', b = '2', c = '3')

输出结果为：

{'a':'1','b':'2','c':'3'}

另外，我们也可以通过映射函数的方式来给字典添加键值对。例如：

kv = zip(['a','b','c'],['1','2','3'])

dict(kv)

输出结果为：

{'a':'1','b':'2','c':'3'}

第三种方法是通过迭代对象的形式来创建字典。例如：

dict([('a',1),('b',2),('c',3)])

输出结果为：

{'a':1,'b':2,'c':3}

上述三种方法都可以创建字典。在实际应用过程中三种方法都比较常用，因此在学习 Python 字典的时候，还需要牢牢掌握住创建字典的重要方法，对以后实际应用会起到很大的作用。

（2）访问字典

在 Python 中，字典的访问即只需要通过键的名称就可以找到键值。例如：

dict1 = {'小美':60,'小明':50,'小白':80,'小黑':90,'小黄':40,'小红':70}

print(dict1['小明'])

输出结果为：

50

有时候，字典中也会出现两个相同的键，当查找该键对应的键值时，返回的是最后一个相同的键对应的键值。例如：

dict1 = {'小美':60,'小明':50,'小白':80,'小黑':90,'小黄':40,'小白':70,'小红':70}

print(dict1['小白'])

输出结果为：

70

但是，在实际应用中，我们很少重复定义一个键，赋予多个不同的值。在 Python3 中，如果重复定义了一个键，Python3 就会提示存在一个键被重复定义，但是程序运行是不会报错的。

（3）修改字典

字典是一种动态的结构，可以随时添加或者删除键值对。要添加一对键值对可以用操作符"＝"，我们先建一个空的字典。例如：

dict = {}

然后通过操作符"＝"添加键值对。例如：

dict['key'] = 'value'

print(dict)

输出结果为：

{'key':'value'}

如果想要在已经存在的字典中添加键值对，也是采用一样的方法，只是不需要重新定义一个空的字典。例如：

```
dict = {'key':'value'}
dict['key1'] = 'value1'
print(dict)
```

输出结果为：

```
{'key':'value','key1':'value1'}
```

每一次添加一对键值对，都是在字典的末尾添加。当要访问字典里面的键时，就可以直接通过键的名称找到对应的键值。

如果想循环给一个字典添加键值对，就可以采用循环语句添加。例如：

```
keys = [1,2,3,4,5,6]
values = [6,5,4,3,2,1]
dicts = {}
for i in range(6):
    dicts[keys[i]] = values[i]
print(dicts)
```

输出结果为：

```
{1:6,2:5,3:4,4:3,5:2,6:1}
```

（4）删除字典元素

字典中的元素既可以添加，也可以删除。Python 对字典删除元素的操作符有 del 和 pop() 等。采用 del 删除元素时，需要提前获知要删除的键名称。例如：

```
dicts = {'小美':60,'小明':50,'小白':80,'小黑':90,'小黄':40,'小红':70}
del dicts['小白']
print(dicts)
```

输出结果为：

```
{'小美':60,'小明':50,'小黑':90,'小黄':40,'小红':70}
```

采用 pop() 删除时，也需要提前获知需要删除的键名称。例如：

```
dicts = {'小美':60,'小明':50,'小白':80,'小黑':90,'小黄':40,'小红':70}
dicts. pop('小白')
print(dicts)
```

输出结果为：

```
{'小美':60,'小明':50,'小黑':90,'小黄':40,'小红':70}
```

del 和 pop() 都是删除字典中的某一个元素。有时候，想清空整个字典的元素，如果采用上述方法去删除，就显得很费时。Python 为此提供了一个 clear() 函数。例如：

```
dicts = {'小美':60,'小明':50,'小白':80,'小黑':90,'小黄':40,'小红':70}
dicts. clear()
print(dicts)
```

输出结果为：

```
{}
```

删除字典中的元素，无非就是去掉不想要的元素。删除单个元素或者全部清空字典元素，这些方法只能适合少数场合。更多时候，我们只需要删除一部分字典元素。为此，我们可以采用遍历字典的形式进行删除。我们先建一个空的字典作为新的字典，然后通过遍历字典的形式，将自己需要的字典元素重新添加到新的字典中。例如：

```
dict1 = {'小美':60,'小明':50,'小白':80,'小黑':90,'小黄':40,'小红':70}
dict2 = {}
for k,v in dict1.items():
    if k = = '小黑':
        break
    else:
        dict2[k] = v
print(dict2)
```

输出结果为：

{'小美':60,'小明':50,'小白':80}

dict1.items() 返回的是字典的键和键值，通过循环控制语句，可以遍历整个字典元素。上述就是删除'小白'之后的所有字典元素。

（5）字典函数

跟列表和元组一样，字典也具有内置函数。每一种内置函数都具有访问字典的功能，返回需要的数据类型。

① len() 和列表、元组一样，len() 函数返回字典的长度。例如：

```
dict1 = {'小美':60,'小明':50,'小白':80,'小黑':90,'小黄':40,'小红':70}
print(len(dict1))
```

输出结果为：

6

② items() 是字典特有的内置函数，表示遍历字典中的所有元素，返回由字典中的键和键值组成的元组。例如：

```
dict1 = {'小美':60,'小明':50,'小白':80,'小黑':90,'小黄':40,'小红':70}
for k,v in dict1.items():
    print('Key:',k,'Value:',v)
```

输出结果为：

Key:小美 Value:60

Key:小明 Value:50

Key:小白 Value:80

Key:小黑 Value:90

Key:小黄 Value:40

Key:小红 Value:70

通常，在实际运用过程中，如果想遍历字典中的元素，都是通过 items() 内置函数实现的，也可以通过它来修改键值。与 items() 对应的还有两个内置函数 keys() 和 values()。keys() 返回字典的键，values() 返回字典的键值。例如：

```
dict1 = {'小美':60,'小明':50,'小白':80,'小黑':90,'小黄':40,'小红':70}
for k in dict1.keys():
    print('Key:',k)
for v in dict1.values():
    print('Value:',v)
```

输出结果为：

Key:小美

Key:小明

Key:小白

Key:小黑

Key:小黄

Key:小红

Value:60

Value:50

Value:80

Value:90

Value:40

Value:70

items() 内置函数，也可以通过 keys() 和 values() 两个内置函数来实现。如果需要返回的数据格式是元组，可以通过 Python 的内置函数 zip() 实现。例如：

```python
dict1 = {'小美':60,'小明':50,'小白':80,'小黑':90,'小黄':40,'小红':70}
for k,v in zip(dict1.keys(),dict1.values()):
    print('Key:',k,'Value:',v)
```

输出结果为：

Key:小美 Value:60

Key:小明 Value:50

Key:小白 Value:80

Key:小黑 Value:90

Key:小黄 Value:40

Key:小红 Value:70

输出的结果和 items() 内置函数是一致的。

③ get() Python 的 get() 方法，返回的是字典中指定的键值，如果该键不存在，返回默认值。例如：

```python
dict1 = {'小美':60,'小明':50,'小白':80,'小黑':90,'小黄':40,'小红':70}
print(dict1.get('小明'))
```

输出结果为：

50

如果指定的键，比如'小方'的键，不在 dict1 中，返回的值是一个默认值 None。例如：

```python
dict1 = {'小美':60,'小明':50,'小白':80,'小黑':90,'小黄':40,'小红':70}
print(dict1.get('小方'))
```

输出结果为：

None

当然，如果你不想返回默认值，也可以自行定义一个值。例如：

```python
dict1 = {'小美':60,'小明':50,'小白':80,'小黑':90,'小黄':40,'小红':70}
print(dict1.get('小方','不存在'))
```

输出结果为：

不存在

④ update()相当于将两个字典拼接到一起。但是不同的是，update()只是将两个字典中不重复的元素拼接到一起。例如：

dict1 = {'小美':60,'小明':50,'小白':80,'小黑':90,'小黄':40,'小红':70}

dict2 = {'小方':60,'小明':70,'小李':95}

dict1. update(dict2)

print(dict1)

输出结果为：

{'小美':60,'小明':70,'小白':80,'小黑':90,'小黄':40,'小红':70,'小方':60,'小李':95}

dict1 和 dict2 两个字典中，都包含了'小明'这个键，采用 update() 函数后，dict2 中的键值替换了 dict1 中的键值，实现了键值的更新与拼接。

第**6**章 控制语句

控制语句是编程中最常用的语句，如判断语句、条件语句、循环语句等。这一章，我们将学习 Python 中常用的控制语句的使用方法以及不同控制语句之间的嵌套方法。

6.1 True 和 False

在 Python 中，True 与 False 都为布尔属性值，一般用来判断检测。当条件满足或者为真时返回 True，条件不满足或者为假时返回 False。例如：

```
if True:
    print(True)
```

输出结果为：

```
True
```

从输出的结果可以看出，在 Python3.X 中默认的布尔型是 True。例如：

```
if False:
    print(False)
else:
    print(True)
```

输出结果为：

```
True
```

一般 True 和 False 都是和其他控制语句一起使用的，比如条件语句、循环语句等。也可作为函数的返回值。例如：

```
def condition():
    ...
    return True
```

在 Python3.X 中，True 和 False 这两个关键字不可以作为变量重新赋值。

6.2 条件判断

计算机能够自动处理一些任务，是因为计算机在执行任务时，都会通过条件判断语句返回一个 True 或者 False，来判断接下来的任务是否执行。

Python 编程中，条件语句根据一条或者多条语句执行得到的结果来判定是否执行下一条语句。Python 程序语言指定任何非零和非空值为 True，零或者空为 False。if 条件语句的基本形式如下：

```
if 判断条件:
    执行语句......
else:
```

执行语句……

当判断条件成立，则执行 if 下面的语句，根据 Python 的缩进原则，来执行一条或者多条语句。如果条件不成立，则执行 else 下面的语句。

6.2.1 if-else

一般在编程时，if 和 else 语句都是一起使用，或者 if 单独使用，但是 else 不可以单独使用。if 语句的判断条件可以用 ＞（大于）、＜（小于）、＝＝（等于）、＞＝（大于或等于）、＜＝（小于或等于）、！＝（不等于）来表示。例如我们要判断一个整数型变量 a 的值是不是大于 0：

```
a = 1
if a ＞ 0:
    print(True)
```

输出结果为：

```
True
```

如果想输出成绩等级（及格和不及格），可以采用 if-else 组合使用。例如：

```
score = 45
if score ＞ = 60:
    print('及格')
else:
    print('不及格')
```

输出结果为：

```
不及格
```

6.2.2 elif

很多时候，学生成绩会划分很多等级，如优秀、良好、及格、不及格。那这个时候怎么采用条件语句来判断呢？在 Python 中，采用 elif 来帮助实现多个条件情况。基本形式为：

```
if 判断条件 1:
    执行语句 1……
elif 判断条件 2:
    执行语句 2……
elif 判断条件 3:
    执行语句 3……
else:
    执行语句 4……
```

那么成绩等级就可以采用 elif 的形式来判断。例如：

```
score = 80
if score ＞ = 90:
    print('优秀')
elif score ＞ = 70 and score ＜ 90:
    print('良好')
elif score ＞ = 60 and score ＜ 70:
```

```
    print('及格')
else:
    print('不及格')
```

输出结果为：

良好

在使用 elif 的时候，else 的作用是让程序执行除 if 和 elif 条件外的所有可能。如果不加 else，在有的时候也是可以的。加不加 else 还是要具体问题具体分析。比如只在 if 和 elif 条件发生时，才执行语句，那么可以不用 else。比如想知道中国大部分青少年的年龄在几岁的时候应该在中小学的什么阶段，那么我们就可以不用考虑老人、中年人、婴幼儿等。例如：

```
age = 15
if age < 12 and age >= 7:
    print('小学')
elif age < 18 and age >= 12:
    print('中学')
```

输出结果为：

中学

当 age 大于或等于 30 的时候，就不会输出任何结果。

6.3 循环

循环，顾名思义就是不断地重复干一件事情。在 Python 的世界，循环意味着重复执行同一条或者多条语句，直到满足跳出循环的条件为止。当然，有时候循环次数是有限的，也有时候是无限的，称为"死循环"。Python 的循环有两种，一种是 for...in... 循环，重复执行语句；另一种是 while 循环，在给定的判断条件为 True 时执行循环体，否则退出循环体。

6.3.1 for 语句

Python 编程中，可以采用 for 循环来遍历序列中的元素。for 循环可以在列表解析器和生成器表达式中自动生成调用迭代器的 next() 方法，当捕获到异常时就会停止循环。例如：

```
strings = ['A', 'B', 'C']
for s in strings:
    print(s)
```

输出的结果为：

```
A
B
C
```

for 循环也可以通过序列索引迭代。例如：

```
strings = ['A', 'B', 'C']
for id in range(len(strings)):
    print(strings[id])
```

输出结果为：

A

B

C

可以看到两种 for 循环的格式，输出的结果是完全一致的。下面我们再来看一个例子，如果我们想要实现 $1+2+3+\cdots+100$ 的算术运算，那么我们通过 for 循环来进行运算。例如：

```
num = 0
for i in range(101):       # i为变量,取值从 0 到 100。
    num = num + i
print(num)
```

输出结果为：

5050

通过 for 循环实现 $1+2+3+\cdots+100$ 求和的实例，我们可以得出上述循环的基本格式为：

```
for 变量 in range(循环次数):
    循环需要执行的代码
```

在判断语句中有 if...else...格式，在 for 循环语句中也存在这种格式。for 与 else 结合使用，表示当 for 里面的循环全部结束后，再来执行 else 语句。基本格式为：

```
for 变量 in range(循环次数):
    循环需要执行的代码
else:
    循环执行结束后执行的代码
```

下面有这样的例子，如果在一份名单中查找是不是有名字叫小白的人，那么我们就可以采用 for...else...的形式进行编程。例如：

（1）序列索引迭代

```
name = '小白'
var = ['小美','小明','小黑','小黄','小红']       # 名单中的所有人。
for i in range(len(var)):
    if name = = var[i]:
        print(name,'在名单中!')
else:
    print(name,'不在名单中!')
```

输出结果为：

小白不在名单中!

（2）遍历序列成员

```
name = '小白'
var = ['小美','小明','小黑','小黄','小红']
for i in var:
    if name = = i:
        print(name,'在名单中!')
```

```
else:
    print(name,'不在名单中！')
```
输出结果为：

小白不在名单中！

6.3.2 while 语句

在 Python 编程中，还有一种非常重要的循环语句就是 while 语句，满足循环条件时，重复执行某段程序，直到不满足条件为止。其基本形式为：

```
while 判断条件：
    执行语句……
```

在学习 for 循环语句时，我们计算过 $1+2+3+\cdots+100$ 的算术运算，接下来我们用 while 循环语句试一试。例如：

```
num = 0
count = 0
while num < 101:
    count = count + num
    num + = 1
print(count)
```
输出结果为：

5050

num 的初始值为 0，当 num 小于 101 时，while 循环语句就继续循环，num 自动加 1；当 num 大于或者等于 101 时，while 循环语句中的判断条件不满足，于是就会退出循环语句，最终实现 $1+2+3+\cdots+100$ 的算术运算。

for...else...可以联合使用，while...else...搭配也可以执行相同的程序。同样的例子，从名单中查找有没有叫小白的人。例如：

```
i = 0
var = ['小美','小明','小黑','小黄','小红']
name = '小白'
while i ! = len(var):
    if name = = var[i]:
        print(name,'在名单中！')
    i + = 1
else:
    print(name,'不在名单中！')
```
输出结果为：

小白不在名单中！

6.3.3 循环嵌套

Python 语句允许循环中嵌套循环，也就是一个循环语句的执行语句中，还有一个循环语句需要执行。例如：

```
num = 0
```

```
for i in range(10):
    for j in range(10):
        num = num + 10 * i + j
print(num)
```
输出结果为：
```
4950
```
这段代码就是一个嵌套循环，是实现 1＋2＋3＋…＋99 的一个算术运算。再看 while 语句中的嵌套循环实现 10 以内素数的查询。例如：
```
i = 2
while(i < 10):
j = 2
while(j < = (i/j)):
    if not(i % j):break    # break 用法见下一节,表示终止程序。
    j = j + 1
if(j > i/j):print(i," 是素数")
i = i + 1
```
输出结果为：
```
2    是素数
3    是素数
5    是素数
7    是素数
```

6.3.4 break 语句

在 Python 编程中，我们有时候会终止循环或者跳过本次循环。比如，在搜索人名时，一旦我们搜索到了叫小白的人，程序就可以停止了。那么我们该怎样停止程序呢？

break 语句用来终止循环语句，即循环条件没有 False 条件或者序列还没被完全递归完，也会停止执行循环语句。例如：
```
name = '小白'
var = ['小美','小明','小白','小黑','小黄','小红']
for i in range(len(var)):
    if name = = var[i]:
        print(name,'在名单中!','第 % d 次循环找到 % s'% (i + 1,name))
        break
    else:
        print(name,'不在名单中!')
```
输出结果为：
```
小白在名单中! 第 3 次循环找到小白
```
加了 break 语句后，程序找到名字为小白的人后，就会自动退出。对于嵌套循环语句，break 只是终止当前所在循环的语句。例如：
```
a = 1
while a < = 2:
```

```
        a = a + 1
        for i in range(1,7):
            print(i)
            if i = = 4:
                break
```
输出结果为：

1

2

3

4

1

2

3

4

当 i＝4 的时候，就会终止 break 所在的循环执行语句，也就是内部循环 for 语句，但是不会终止外部循环 while 语句。如果想终止外部循环语句，break 就需要加在 while 循环语句内，而不在 for 循环语句内。例如：

```
a = 1
while a< = 2:
    a = a + 1
    for i in range(1,7):
        print(i)
    if a = = 2:
        break
```
输出结果为：

1

2

3

4

5

6

break 语句在 for 循环语句外，终止的语句就是 while 循环，程序只会执行一次 for 循环语句。

6.3.5　continue 语句

我们可以发现 break 是终止当前所在循环语句中的所有循环，但是在实际过程中，我们并不想终止所有循环，而是跳过某一次循环。Python 采用 continue 语句来结束当前此次循环，然后继续进行下一轮循环。

比如，如果名单中出现小白这个人，程序就要直接跳过当前这次循环。例如：

```
name = '小白'
var = ['小美','小明','小白','小黑','小黄','小红']
```

```
for i in range(len(var)):
    if name = = var[i]:
        continue
    print(var[i])
```

输出结果为：

小美

小明

小黑

小黄

小红

程序找到小白后，执行 continue 语句，跳出本次循环，不会继续执行 print 操作，因此在输出的结果中不会出现小白这个人的名字。如果是 break 语句的话，就会终止所有循环。例如：

```
name = '小白'
var = ['小美','小明','小白','小黑','小黄','小红']
for i in range(len(var)):
    if name = = var[i]:
        break
    print(var[i])
```

输出结果为：

小美

小明

程序在找到小白后，就会执行 break 语句，跳出整个 for 循环。因此输出的结果只有小美和小明，而小黑、小黄和小红则不会被打印输出。

第**7**章　函　数

7.1　函数基础

函数是一种实现单一或具有相互关联的代码段组成的模块，它可以重复使用。Python 语言为用户提供了许多内置的函数，比如 max()、min()、print() 等。但是在平时的使用过程中我们会需要自己创建函数，用户自己创建的函数称之为自定义函数。

7.2　函数名称及函数的调用

当我们自行定义 Python 的函数时，需要遵循一些规则以避免报错，这些规则大致总结如下。

① 函数代码块必须包含 def 开头的关键字，后接函数名和括号。

② 所有需要传入的参数变量都需要在括号中先定义。

③ 函数内代码段需要每行缩进。

④ 函数结束通过 return［表达式］的方式，开发者可以自行选择需要返回的值。如果无返回，则可以省略 return 关键字，函数返回 None。

函数的第一行语句可以使用文档字符串来存放函数说明。当我们完成了一个函数的定义（包括函数名、传入参数和代码段）后就可以通过另一个函数或者直接调用执行了，以下是定义和调用函数的实例：

```
＃定义函数。
def printany(str):
    print(str)
    return
＃调用函数。
printany('我要调用这个函数 printany')
```

输出结果为：

我要调用这个函数 printany

以上例子中我们自定义了一个函数 printany()，当调用该函数时，终端将会输出传给该函数的字符型参数。

另外，Python 为开发者提供了许多的内置函数，这些函数是已经定义好的，可以直接使用的。在调用函数时，需要知道函数名以及传入的参数等。如果传入的参数和调用的函数不一致，则会报 TypeError 错误。

7.3　函数的参数传递

（1）可变对象与不可变对象

在 Python 中，对象可以分为可变对象与不可变对象，Python 的对象类型中，字符串 str、元组 tuple 和数值类型 int、float 都是不可变对象，而列表 list、字典 dict 和集合 set 则是可以修改的可变对象。以下主要举例来说明两种对象类型。

① 不可变对象：表示对象所指向的地址中的值不能改变。如果要改变变量中的值，Python 需要开辟一个新的地址，将原来的值复制到新地址中。变量赋值 $x=6$ 后再赋值 $x=8$，这里实际是新生成一个 int 值对象 8，再让 x 指向它，这里并不是改变了 x 的值而是相当于新生成了 x。参数传递时，传递的只是 x 的值，不影响 x 本身的值。

② 可变对象：表示对象所指的地址中的值可以改变。不同于不可变对象，如果要改变可变对象，Python 则是直接将该地址内的内容改变，没有开辟新的地址空间。变量赋值 $y=[2，3，5，6]$，程序再执行 $y[3]=0$ 操作后，则是将列表 y 的第四个元素进行了修改，因此 y 内的元素发生了变化。

```python
def UnChange(int):
    int = 10
    return int
x = 2
y = UnChange(x)
print(y)
```

输出结果为：

```
2
```

```python
def Change(list):
    list[0] = 10
    return list
x = [2,2]
y = Change(x)
print(y)
```

输出结果为：

```
[10,2]
```

上例我们定义了两个函数以便于更好地对比可变对象和不可变对象，在第一个函数 UnChange() 中，我们传入了整数型数字 2，在函数内部将数字修改成 10，但是输出后，发现 x 的值并没有被修改，这里的 x 就是一个不可变对象。

而在第二个函数 Change() 中，我们修改传入该函数中的列表 x 的值，输出后，发现 x 的值的确发生了变化，那么也证明了 Python 的列表是可变对象。

（2）参数类型

Python 中参数主要分为四类，分别为必须参数、关键字参数、默认参数、不定长参数。另外，也有人认为参数可以分为五类，即除上述所提到的参数外，还有组合参数。所谓组合参数，就是将前四类参数全部引入函数，要注意的是，定义参数时的顺序必须为：必须参数、关键字参数、默认参数、不定长参数。由于我们认为该参数只是一种组合形式，故在这里不当作单独的一类进行举例说明。以下分别介绍四种参数类型。

① 必须参数：需要按照函数定义的参数顺序传入函数，并且调用函数时的参数数量必

须和声明时的一样，实参多于或少于形参都会报错。

```
def hi(canshu):
    print('必须参数是',canshu)
```

② 关键字参数：传入函数的实参可以带参数名，这样传入函数的实参叫作关键字参数。关键字参数可以使得在调用函数的时候，传入的参数顺序可以是任意形式，Python 解释器可以根据传入的参数名自动为函数匹配相应的参数值。

```
dir = {'name':'miss','age':18}
def Deaf(school, * * other):
    print('学校',school,'学生信息',other)
Deaf('HNU', * * dir)
```

输出结果为：

学校 HNU 学生信息 {'name':'miss','age':18}

上例中除了 school 这个必须参数，还有字典 dir 即关键字参数，我们用 * * 代表关键字参数。

③ 默认参数：调用函数时，如果没有向函数传递参数，则会使用默认参数。默认参数就是定义函数时，给定形参一个值。

```
def hi(str,num = 32):
    print('必须参数是',str)
    print('默认参数是',num)
```

当 Python 的函数同时兼具默认参数和必须参数时，调用函数时一定要注意以下三点。

a. Python 调用该函数时，传入参数都应该带参数名称，否则会报错。

b. 当 Python 函数存在多种参数时，默认参数必须带参数名调用。

c. 函数的默认和必须参数在定义和调用时，两者之间的相对次序不能改变，当不确定定义的参数次序时，为防止出错，在函数调用时可以将每个参数的名称和对应的实参对应给出。

④ 不定长参数：不定长参数又称为可变参数，有时候传入函数的参数个数未知，就可以使用不定长参数来定义。通常在函数定义时通过 * 号声明不定长参数。

```
def func(str, * ring):
    print('必须参数是',str)
    print('其余为不定长参数',ring)
func(1,2,3,4)
```

输出结果为：

必须参数是1

其余为不定长参数(2,3,4)

（3）函数的返回值

return［表达式］语句放于函数代码的结尾，用于退出函数，若函数结尾带有 return［表达式］语句，则会向调用方返回一个表达式。不带 return 语句的函数实际上有一个隐含的 return 语句，返回值是 None，类型是 NoneType。例如：

```
def sum(x,y):
    total = x + y
```

```
        print('函数内',total)
        return total
total = sum(2,3)
print('函数外',total)
```
输出结果为：
```
函数内 5
函数外 5
```
在我们定义的 sum() 函数中，我们得到结果函数内和函数外均为 5，这是由于我们将函数内部计算得到的值通过 return 返回给 total 变量，使得外部的 total 变量被赋值 5。再例如：
```
def sum(x,y):
        x + y
print(sum(2,3))
```
输出结果为：
```
None
```
如果没有 return 语句，程序会隐式调用 return None 作为返回值。如以上函数不含 return 返回语句，此时终端输出为 None。

关于 return 返回函数值，另外要说明以下几点。

① 一个函数可以存在多条 return 语句，但只有一条可以被执行，如果没有一条 return 语句被执行，同样会隐式调用 return None 作为返回值。

② 如果有必要，可以显式调用 return None 明确返回一个 None（空值对象）作为返回值，可以简写为 return。

③ 如果函数执行了 return 语句，函数会立刻返回，结束调用，return 之后的其他语句都不会被执行了。

7.4 变量作用域

所有的地址空间，Python 设定了访问权限来规定变量只能在固定的区域进行访问。变量的作用域决定了该变量可访问的空间。Python 的作用域一共有四种，分别是局部作用域、闭包函数外的函数中、全局作用域、内建作用域。这里主要介绍局部变量与全局变量。

（1）局部变量

局部变量一般在函数的内部定义，表示该变量只在局部作用域进行访问。因此，局部变量只能在已经声明的函数内作用，无法访问到在函数外部的地址。

如果在函数体外部想要调用局部变量，函数首先需要被执行，另外，在函数体内部也可以定义全局变量，只不过在定义的时候需要在前面加上关键词 global。

（2）全局变量

全局变量通常定义在函数外部，拥有全局作用域，即全局变量可以在整个程序范围内访问。

下面以一个实例简单说明局部变量和全局变量：
```
total = 0        #定义一个全局变量。
def sum(x,y):
```

```
        total = x + y
        print('函数内是局部变量',total)
        return total
sum(10,20)
print('函数外是全局变量',total)
```
输出结果为：
```
函数内是局部变量30
函数外是全局变量0
```
在上例中，我们先在函数外定义了一个全局变量 total，然后在函数里定义了一个局部变量 total，那么此时函数里同名局部变量的初值就是外部全局变量的值 0，而我们从结果可以看到，函数内部 total 的值发生改变，并不会影响到外部的全局变量值。

全局变量的局部修改的问题取决于变量类型，变量是可变对象还是不可变对象。如果变量类型为字符串或者数字：
```
a = 'hnu'
def func():
    a = 'HNU'
    return a
func()
print(a)
```
输出结果为：
```
hnu
```
运行上面的代码，结果 a 并没有发生改变，这是因为 a＝'HNU'不能够称之为修改变量，而应该称之为重新定义一个局部变量，而该重新定义的局部变量恰巧和全局变量名字是一样的。局部变量的作用域不是全局，因此打印出来的是 hnu。再例如：
```
a = 'hnu'
def func():
    global a
    a = 'HNU'
    return a
func()
print(a)
```
输出结果为：
```
HNU
```
这里如果我们加上一行语句，让 func() 内的局部变量 a 变成全局变量，那么执行后我们可以得到结果是 HNU。

不过对于变量类型为列表、字典、集合这样的数据类型，函数内局部变量的修改会直接影响到全局吗？
```
a = [1,2,3,4]
def func():
    a = [4,5,6,7]
    return a
```

```
func()
print(a)
```
输出结果为:
```
[1,2,3,4]
```
我们发现,即使变量是可变对象列表,也不会因此发生改变。但是我们换一种修改方式就不一样了:
```
a = [1,2,3,4]
def func():
    a[1] = 'HNU'
    return a
func()
print(a)
```
输出结果为:
```
[1,'HNU',3,4]
```
这是为什么呢?其实在第一段代码里,函数内部的 a= [4,5,6,7] 属于重新定义,不属于更改。而执行上述代码,打印结果为 [1, 'HNU',3,4],这样的形式才是修改,而且是全局变量在局部进行修改。注意修改和重新定义是两个不同的概念,在 Python 中不同场景会带来不同的效果,故对于此要多加注意不要混淆。

7.5 函数式编程

(1) 匿名函数

当我们在传入函数时,有些时候不需要显式地定义函数,直接传入匿名函数更方便。

Python 使用 lambda 来创建匿名函数。匿名函数不同于普通的函数,它不需要 def 关键字定义的标准形式函数,因此在使用的过程中要简单的多。匿名函数的主要部分是表达式,没有像普通函数那样的代码段。匿名函数有自己的命名空间,它只能访问自身的参数或者全局命名的参数。在使用时,可以采用 lambda 匿名函数缩短代码段长度。以下是匿名函数的实例:
```
sum = lambda x,y:x + y
print('相加后结果为:',sum(15,20))
```
输出结果为:

相加后结果为:35

比起定义一个 def 函数,会用到至少 3 行的篇幅,我们使用匿名函数只占用了 1 行。在大段的代码中,这种函数定义方式会为我们后期修改带来便利。但也应当注意 Python 对匿名函数的支持有限,只有在一些简单的情况下可以使用匿名函数。

(2) 返回函数

返回函数是指函数把其内嵌的另外的函数作为返回值。此外,内嵌另外函数的高层函数不仅可以将其他函数作为参数,还能将函数作为返回值。我们来看代码:
```
def sum_f( * args):
    def sum():
```

```
            z = 0
            for i in args:
                z + = i
            return z
    return sum
f = sum_f(1,2,3)
print(sum_f(1,2,3))
print(f())
```
输出结果为：
```
<function sum_f.<locals>.sum at 0x000000000BDD2EA0>
6
```
这里我们定义了一个 sum_f() 函数，还在其内部定义了一个 sum() 函数。内部的 sum() 函数可以调用 sum_f() 函数定义的参数变量。sum_f() 函数在返回时，对应的参数变量都会被保存在被返回的函数中。

当我们不需要立刻求和，而是后面根据需要再计算结果时，我们可以返回求和的函数，而不是直接返回计算结果。显然，这样能让我们根据需求计算，并节省计算资源。

（3）偏函数

接下来我们介绍一下 Python 中的偏函数，这里我们所说的偏函数并不是数学中我们熟悉的偏函数，而是 functools 模块提供的一种功能函数。我们通过设定参数的默认值，可以降低函数调用的难度。而偏函数也可以做到这一点。
```
from functools import partial
def add(a,b):
    return a + b
puls = partial(add,100)
result = puls(9)
print(result)
```
输出结果为：
```
109
```
在上例中，偏函数表达的意思就是，在调用函数 add() 时，我们已经知道了其中的一个参数，我们可以通过这个参数，重新绑定一个函数，然后去调用即可。对于有很多可调用对象，并且许多调用都反复使用相同参数的情况，使用偏函数比较合适。

在编程中，经常需要减少参数的个数来简化代码。Python 为开发者提供了一个 functools. partial 模块，它可以创建一个新的函数固定住原来函数的部分参数，也就是将某些函数参数作为固定值，再来调用这个新的函数就显得简单的多了。

在上例中还涉及到另一个技巧：一般在调用函数的时候，会传入所有必要的参数才可以正常调用。如果某些参数在调用函数之前就已经可以得到，这样就可以预先使用这些已知的参数，减少函数调用时参数的传入。

（4）装饰器

装饰器是 Python 的一种高级语法，也可以说是一种语法糖，但其本质是一个函数。主要功能是对函数、类以及方法进行加工。它经常在插入日志、事务处理、权限校验等场景下使用。

装饰器在切面编程（AOP）中具有极好的效果，通过装饰器可以分离出大量无关代码并进行重用，为函数添加量额外的功能，使得代码更加简洁。

下面代码中的 debug（）函数其实就是一个装饰器，除了对函数进行了包装外，其将另一个函数作为返回值。

```python
def debug(hanshu):
    def wrapper():
        print('[DEBUG]:enter {}()'.format(hanshu.__name__))
        return hanshu()
    return wrapper
@debug
def Hi():
    print('Hello,dear world!')
Hi()
```

输出结果为：

```
[DEBUG]:enter Hi()
Hello,dear world!
```

上述的代码是简单的装饰器，能为函数提供额外的功能，但是被装饰的函数如果包含参数传递，则装饰器可能会报错。因此，装饰器的定义应明确其函数接受和原参数保持一致。

```python
def debug(function):
    def wrapper(*args,**kwargs):
        print('[DEBUG]:enter {}()'.format(function.__name__))
        print('hanshu zhunbei shuchu:')
        return function(*args,**kwargs)
    return wrapper
@debug
def Speak(str):
    print('Hello {} !'.format(str))
Speak('Python')
```

输出结果为：

```
[DEBUG]:enter say()
hanshu zhunbei shuchu:
Hello Python !
```

上例我们定义了一个能接收任何参数的装饰器，这是由于我们运用了前面提到的可变参数 *args 和关键字参数 **kwargs，使用这两个参数，装饰器就可以用于任意目标函数了。

（5）高阶函数

简单来说，在 Python 中，我们通常把将函数当成参数传递的函数称之为高阶函数，下面我们自定义了一个简单的高阶函数：

```python
def highorder(x,y,f):
    return f(x)-f(y)
z = highorder(1,-1,abs)
```

```
print(z)
```
输出结果为：
```
0
```

以上代码定义高阶函数 highorder()，可以看到该函数中的参数 f 是函数 abs()，即 Python 内置的函数，其作用是求绝对值，以上代码即两个输入参数的绝对值之差。

高阶函数具有以下特性：函数本身可以赋值给变量，赋值后变量为函数；允许将函数本身作为参数传入另一个函数；允许返回一个函数。

> ◎ 注意
>
> 在 Python 中，还有内置的高阶函数，例如 map() 函数，每次运算都将 list 中的元素依次传递给 func() 函数，并将每次返回的结果处理后形成新的 list 列表。还有内置的 reduce() 函数、filter() 函数等，这些函数都具有高阶函数的特性。

对于上面提到的高阶函数，我们给出简单的说明。

map（func，lst），将 1st 变量的每个元素传递给内嵌函数 func()，并将其获得的每个结果构成新的列表返回。

reduce（func（x，y），lst）高阶函数的内嵌函数 func() 必须有两个参数 x 和 y，reduce() 函数每次将 func() 函数的计算结果和另一个参数序列的元素做运算。

filter（func，lst），reduce（func（x，y），lst）高阶函数的内嵌函数 func() 必须有两个参数 x 和 y，reduce() 函数每次将 func() 函数的计算结果和另一个参数序列的元素做运算。

7.6 Python 内置函数

（1）abs() 函数

abs() 函数是常用的内置函数，函数返回值为数字的绝对值。例如：
```
print("abs(-60):",abs(-60))
print("abs(20.12):",abs(20.12))
```
输出结果为：
```
abs(-60): 60
abs(20.12): 20.12
```
（2）all() 函数

在 Python 中，一个重要的内置函数 all() 主要是用于判断给定的可迭代参数 iterable 中的所有元素是否都为真，如果是返回 True，否则返回 False。元素除了是 0、空、None、False 外都算 True。例如：
```
all(['a','b','','d'])     #存在一个元素为空。
all(['a','b','c',None])   #存在一个元素为 None。
all(['a','b','c',0])      #存在一个元素为 0。
all(['a','b',False,'d'])  #存在一个元素为 False。
```
上述四个例子返回的结果均为：
```
False
```

（3）dir（）函数

dir（）函数可以带参数也可以不带参数，带参数时返回参数的属性、方法列表；不带参数时返回当前范围内的变量、方法以及定义的类型列表。用法为：

```
dir(object)     #object 可以是对象、变量、类型。
```

例如，查看字典的方法：

```
dir({})
```

输出结果为：

```
['__class__', '__contains__','__delattr__', '__delitem__', '__dir__', '__doc__', '__eq__','__format__','__ge__','__getattribute__','__getitem__','__gt__','__hash__','__init__','__init_subclass__','__iter__','__le__','__len__','__lt__','__ne__','__new__','__reduce__','__reduce_ex__','__repr__','__setattr__','__setitem__','__sizeof__','__str__','__subclasshook__','clear','copy','fromkeys','get','items','keys','pop','popitem','setdefault','update','values']
```

列表或者元组方法等都可以通过 dir（）函数查看。

（4）iter（）和 next（）函数

iter（）函数是一个生成迭代器的函数，next（）函数返回的是一个迭代器的下一个项目。通常这两个内置函数会联合起来使用。例如：

```
it = iter(['a','b','c','d','e'])
for i in range(5):
    x = next(it)
    print(x)
```

输出结果为：

```
a
b
c
d
e
```

首先通过 iter（）函数将列表［'a'，'b'，'c'，'d'，'e'］变成一个迭代器。然后在 for 循环中，每循环一次 next（）函数就会自动返回下一个迭代器中的元素。

（5）open（）函数

Python 语言中，经常通过内置函数 open（）打开一个文件，并返回文件对象，如果该文件无法被打开，会抛出 OSError。

> ◎ 注意
> 在调用 open（）函数打开文件时，要保证关闭文件对象，调用 close（）。

通常，调用 open（）函数时，需要传入两个参数，一个是文件的路径（file），一个是打开文件的形式（mode）。例如：

```
open('test. txt',mode = 'r')
```

该方法是打开 test. txt 文件，进行读操作。如果为写操作的话，语句为 mode＝'w'。完整的语法格式为：open（file，mode＝'r'，buffering＝-1，encoding＝None，errors＝None，newline＝None，closefd＝True），其用法解释如下。

① file：必需，文件路径。

② mode：可选，文件打开模式。

③ buffering：设置缓冲。

④ encoding：一般使用 utf-8。

⑤ errors：报错级别。

⑥ newline：区分换行符。

⑦ closefd：传入的 file 参数类型。

例如，我们需要读取一个相对路径下的 .txt 文件，文件名为 test.txt。该文件中存放的数据格式为：

10

20

30

40

50

```
datas = open('test. txt', mode = 'r')
for data in datas. readlines():
    print('第{}行的数据为:{}'. format(i, data))
datas. close()
```

输出结果为：

第 1 行的数据为:10

第 2 行的数据为:20

第 3 行的数据为:30

第 4 行的数据为:40

第 5 行的数据为:50

表 7-1 收集了 Python 中常用的一些内置函数，在实际编程中，经常会使用到。因此在学习 Python 的过程中，还需要尽可能掌握内置函数的用法以及含义。

表 7-1　常用的 Python 内置函数

abs()	dict()	help()	min()	setattr()
all()	dir()	hex()	next()	slice()
any()	divmod()	id()	object()	sorted()
ascii()	enumerate()	input()	oct()	staticmethod()
bin()	eval()	int()	open()	str()
bool()	exec()	isinstance()	ord()	sum()
bytearray()	filter()	issubclass()	pow()	super()
bytes()	float()	iter()	print()	tuple()
callable()	format()	len()	property()	type()
chr()	frozenset()	list()	range()	vars()
classmethod()	getattr()	locals()	repr()	zip()
compile()	globals()	map()	reversed()	__import__()
complex()	hasattr()	max()	round()	open()
delattr()	hash()	memoryview()	set()	

第8章 模块和包

8.1 模块

（1）为什么需要模块

平时在编程时我们常常会遇到一些问题，比如说如果我们从 Python 解释器退出再进入，那么开发者之前定义的方法和变量就会被抹去，对开发人员造成严重影响。

为了解决这个问题，Python 将定义的方法和变量存进文件中，这个文件可以被一些脚本以及交互式解释器所用，这个文件就被称为模块。

模块中包含预先定义的函数以及变量，通常是利用一些代码来实现某种功能的一个集合。一般一个.py 文件可以写入多个函数，有时候要完成非常复杂的任务，需要模块化编程，这个时候就需要创建多个.py 文件来实现。

模块可分为：自定义模块，自己写的实现自己某些功能需求的.py 文件集合；Python 内置模块，安装 Python 之后，它自己内部的 lib 文件下就带有很多模块，用户可以直接导入后使用；第三方开源模块，第三方开源模块通常需要自己去下载。

在 Python 中使用频率较高的模块有 os 模块、sys 模块、json 模块等，这些模块功能强大，可以给我们的编程带来很大的帮助。

（2）模块的导入

在 Python 中，我们通常使用 import 指令来执行模块的导入，import xx 即导入整个 xx 模块，之后我们可以在代码中调用被导入的模块中的函数，在 import 模块的时候，解释器会搜索所有路径下的目录，如果该模块在解释器搜索的路径内，就会被导入解释器中。

我们在使用 import 来直接导入模块这种导入方式时要注意，如果是自定义模块，我们需确保待运行的程序目录下包含该模块的.py 文件，或者在代码的 import 部分写明待导入模块的路径。比如 import.dataset.mk 代表的是导入目录下 dataset 文件夹里的 mk.py 模块文件。

但并不是非自定义模块没有以上要求，这是因为文件在导入模块的时候，首先会去程序的当前主目录下寻找，如果找不到，就去 PYTHONPATH 目录下寻找，如果还找不到，就去标准链接库目录寻找。

8.2 编写模块

在编写第一个模块之前，我们需要了解模块相关的规则属性等。

（1）__ name __ 属性

当一个模块被另一个程序第一次引入时，默认该模块主程序运行。如果想在模块第一次被引入时，模块中一部分代码不执行，可以用 __ name __ 属性来使该程序块仅在该模块自身运行时被执行。以下是模块中使用 __ name __ 属性的例子：

```
if '__name__' = = '__main__':
    print('1 号代码运行')
else:
    print('2 号代码运行')
```

上例方便我们了解 __ name __ 属性，当用户单独执行 name. py 时，终端将输出"1 号代码运行"；而当用户 import name 时，终端则输出"2 号代码运行"。该语句在用户调试程序时通常会被用到。

（2）重载模块

实际上在 Python 中，模块的导入是一个开销很大的操作，在每次导入模块的过程中，都要将模块程序转换成字节码并执行，在编译的过程中，消耗资源非常多，因此在默认情况下，我们对某个模块第一次导入之后，如果再进行对该模块的导入都将无效。

但是，如果我们的确需要 Python 的代码在一次执行过程中再次运行某个模块，在 Python3 之后，我们可以调用 imp 标准库模块中的 reload() 函数来实现模块的再次导入，即模块重载操作。具体用法如下：

```
from imp import reload
reload(name)
```

上例是一个简单的重载模块过程，我们使用 imp 库中的 reload() 函数实现了对模块 name 的重载。

8.3 包

（1）为什么需要包

这里我们先介绍包的概念，在 Python 中，包是一种模块的命名形式，是一个为了方便管理代码的分层次的文件目录结构。每个包里面放着模块，采用". 模块名称"的形式，例如一个模块为 A. B，就表示包 A 中有个子模块 B。

类比模块的使用，包的使用让我们不用担心不同模块之间的全局变量会相互影响。采用包的形式时，我们也不用担心不同的模块重名和重名模块相互影响的情况，包的前缀可将重名的子模块有效区别开来。

（2）第一个包

为了组织好模块，会将多个模块分为包。Python 处理包也是相当方便的。简单来说，包就是文件夹。Python 在导入包的时候，会根据 sys. path 的路径寻找包中的各个子模块。包中的文件需要包含一个 __ init __. py 文件，只有包含了 __ init __. py 文件的包才可以被认为是标准的包，一般该文件可以是空，也就是不需要添加任何代码。

（3）打包与导入

接下来，我们将一系列的模块打包，来写一个带有子包的顶层包结构，如下例所示，该结构中的包包含了两个子包 bag _ 1 和 bag _ 2，而每个子包又都包含两个模块 A、B 和 C、D。注意此处 __ init __. py 是必须存在的。

```
bag_top/      #顶层包。
    __init__.py      #初始化。
    bag_1/      #子包 1。
```

```
    __init__.py
    A. py
    B. py
bag_2/        #子包 2。
    __init__.py
    C. py
    D. py
```

包的导入仍使用 import、from…import 语句，使用"点模块名称"的结构化模块命名空间。若我们想要导入这个包中的子模块加以使用，导入方法与模块导入方法几乎相同。如果我们直接在代码中写 import bag_top，则会直接导入顶层包，可以直接使用 __init__.py 的内容。

```
import bag_top. bag_1. A
from bag_top. bag_2 import D
from bag_top. bag_2. D import …as …
```

以上给出对包中模块的几种常用的导入方法，第一种直接导入第一个子包 bag_1 中的整个模块 A. py，第二种导入方式和第一种几乎相同，而第三种则是导入子包 bag_2 中模块 D. py 中的一部分，不同的导入方法在引用时需要不同的格式，使用时应多加注意。

第9章 递归

9.1 递归定义

二分查找算法是指将查找值与查找表的中间值比较，然后保留符合要求的一半序列，这样就实现了二分的效果；在新的查找表中继续与中间值进行比较，直到找到查找值或无法进行二分为止。每一次比较，都是进行二分的过程，像这样，某个方法的调用重复出现在其定义的内部，这个过程叫递归。一个引用自身的描述就称之为递归定义（recursive definition）。

在数学上，递归经常会出现，最常见的比如阶乘，如 $5! = 5 \times (5-1)! = 5 \times (5-1) \times (5-2)! = 5 \times (5-1) \times (5-2) \times (5-3)! = 5 \times (5-1) \times (5-2) \times (5-3) \times (5-4)!$。

> ◉ 注意
> 递归与循环是不一样的概念。

递归是有终点的，例如上面的阶乘，最终会归结到 1!。1! 不依赖于阶乘的定义，可以直接计算得到 1，像这种情况称之为递归的基本情形。所有的递归链最终都会归结到基本情形。

9.2 递归函数

当一个函数的定义中调用了它自己时，我们称之为递归函数。我们来定义一个阶乘的函数：

```python
def recursiveFunc(x):
    if x > 1:      # 设置递归基本情况。
        return x * recursiveFunc(x-1)
    else:
        return x
```

我们对其进行测试：

```python
print(recursiveFunc(5))
```

输出结果为：

```
120
```

在递归函数中，每一次函数的调用都是新的开始，这个函数的本地变量和参数都是它自己的，与调用它的函数的变量参数无关。

9.3 字符串反转

Python 有一个内建的方法用于字符串的反转，我们调用一下：

```
str1 = 'I am learning Python!'
print(''. join(reversed(str1)))
```
显示结果为：

!nohtyP gninrael ma I

借助递归的定义，我们自己来实现一个字符串反转的方法：
```
def myReversedStr(str_):
    if len(str_) > 1:
        strl = str_[:-1]
        return str_[-1] + myReversedStr(strl)    #索引为-1表示最后一个元素。
    else:
        return str_
```
然后进行测试：
```
str1 = 'I am using my own function!'
print(myReversedStr(str1))
```
显示结果为：

!noitcnuf nwo ym gnisu ma I

9.4 重组词

重组词（anagram）指将一个单词的字母顺序打乱后重新排列得到的词，它是生成一个序列的所有可能组合的一个特例。那么如何根据给定的单词来得到它所有的重组词呢？我们可以用上面的递归方法来实现：
```
def anagram(str_):
    if len(str_) > 1:
        strlist = []
        for newstr in anagram(str_[1:]):
            for idx in range(len(newstr) + 1):
                strlist. append(newstr[:idx] + str_[0] + newstr[idx:])
        return strlist
    else:
        return [str_]
```
然后测试一下：
```
print(anagram('abc'))
```
输出结果为：

['abc', 'bac', 'bca', 'acb', 'cab', 'cba']

9.5 快速求幂

一个计算 a^n 的方法是使用一个循环，让 a 自己乘以自己 n 次，程序如下：
```
def power(a,n):
```

```
res = 1
for i in range(n):
    res = res * a
return res
```

事实上，我们并不需要做 n 次乘法。例如，我们要计算 2^4，按照上面的方法，需要做 4 次乘法。但是我们都知道，$2^4 = 2^2 * 2^2$，我们只需要计算一次 2^2，剩下的一个 2^2 就不需要计算了。这样，我们总共只需要做两次乘法，即 $2 * 2 = 2^2$ 和 $2^2 * 2^2 = 2^4$。同样地，对于任意的 a，我们都可以这样做，将 a^n 变成 $a^{n/2} * a^{n/2}$，然后按同样的方法继续划分 $a^{n/2}$。利用递归，我们编写如下快速求幂算法：

```
def quickPower(a, n):
    if n == 1:
        return a
    else:
        tmp = quickPower(a, n//2)        #①
        if n % 2 == 0:          #②
            return tmp * tmp
        else:
            return tmp * tmp * a
```

上述程序中有两处需要注意：①n//2 表示取商的整数部分；②n 为奇数时，n/2 具有小数部分，所以分奇偶情况。

对其进行测试：

```
print(quickPower(2,6))
print(quickPower(2,7))
```

输出结果为：

```
64
128
```

9.6 二分查找

使用递归来解决二分查找的问题，就是建立一个二分查找函数，然后在该函数中不断调用自己，代码如下。

```
def binarySearch(x, list_, start, end):
    if start > end:
        return -1
    middle = (start + end)//2
    y = list_[middle]
    if x == y:
        return middle
    elif x < y:
        return binarySearch(x, list_, start, middle -1)
    else:
```

```
        return binarySearch(x, list_, middle + 1, end)
```

当我们第一次调用 binarySearch() 时，start 和 end 是固定的，分别是 0 和 list_ 的长度减 1，于是我们再添加一个更加简洁的函数以供调用：

```
def search(x, list_):
        return binarySearch(x, list_, 0, len(list_)-1)
```

这样我们就只需要调用 search() 函数了，保持了和原来一样的接口。我们来测试一下：

```
print(search(3, [1, 2, 3, 4, 5]))
```

输出结果为：

```
2
```

第10章 文件

10.1 打开文件

在 Python 中，我们通常需要与文件打交道，而 Python 语言对于文件的接口也非常方便好用，在处理文件内容之前，我们先学习如何用 Python 打开一个文件。

打开文件的方式如表 10-1 所示。

表 10-1　打开文件的方式

t	文本模式
x	写模式,新建文件
b	二进制模式
+	打开文件进行读写
rb	二进制格式打开文件用于只读
w	打开文件只用于写入,如该文件已存在,原有内容会被删除
w+	打开一个文件用于读写,如该文件已存在,原有内容会被删除
wb+	以二进制格式打开一个文件用于读写,如该文件已存在,原有内容会被删除

在打开文件时，如果想要使用表 10-1 中的任意模式，只需在语句中声明即可。例如：f＝open("foo. txt","w")，代表我们要使用写操作来打开文本文件 foo. txt。另外，注意 b 的使用，代表以二进制模式打开，不加 b 则是以文本模式打开。

r＋、w＋和 a＋都可以实现对文件的读写，但是它们之间是有区别的：r＋会覆盖当前文件指针所在位置的字符，如原来文件内容是"Hello，World"，打开文件后写入"hi"则文件内容会变成"hillo，World"；w＋在打开文件时就会先将文件内容清空；a＋无论当前文件指针在哪里，只能写到文件末尾。

我们给出一个例子，打开文件并关闭：

```
f = open('exm. txt','r', encoding = 'utf-8')
print(f. read())
f. close()
```

10.2 文件基本操作方法

（1）读和写

文件读写是一种常见的 I/O 操作。Python 封装操作系统的底层接口，直接提供了文件读写相关的操作方法。Java、PHP 等其他语言也是如此。文件描述符的读和写通常都由操作系统于磁盘上完成，当一般的程序想使用文件时，就需要向操作系统发起请求，才能打开对象。文件对象使用 open() 函数来打开，并返回对应的文件描述符。

在对文件进行处理时都需要使用到 open（）函数，并且如果该文件无法被打开，终端会报错 OSError。

不同的编程语言提供的读写文件的 API 是不一样的，大体分为以下三个步骤：打开文件、对文件进行读写、关闭文件。

为了减少对操作系统资源的占用，以及防止同一时间打开过多文件导致丢失数据，我们应当尽快关闭已经完成读写操作的文件。通常我们进行写操作的时候，操作系统总是在内存缓存区采用异步方式将数据写到磁盘中，而非直接写入。当关闭文件时，操作系统会将未写入磁盘的数据悉数写入磁盘中，否则数据可能会丢失。

要知道，对文件的读取操作需要将文件中的数据加载到内存中，而上面所用到的 read（）方法会一次性把文件中所有的内容全部加载到内存中。这明显是不合理的，当遇到一个非常大的文件时，必然会耗尽机器的内存。所以我们不能只用 read（）来读文件。

接下来我们将介绍针对文件对象的常用函数及其使用规则。我们先介绍指针相关函数。

seek(n)：将指针移动到指定位置。

tell()：获取指针所在位置。

然后是最常用的读写操作。

file. read([size])：文件的读操作，从目标文件中读取指定的字节数，如果未给定 size 大小或大小或为负，则默认读取所有。（［size］）为空：一次读取文件所有内容，返回一个 str。（［size］）不为空：每次最多读取指定长度的内容，返回一个 str。在 Python2 中 size 指定的是字节长度，但是在 Python3 中 size 指定的是字符长度。

file. write(str)：文件的写操作，将字符串写入文件，返回的是写入的字符长度。

（2）读写行

file. readline([size])：读取整行，包括"\n"字符。一次读取文件所有内容，按行返回一个 list。

file. writelines（sequence）：向文件写入一个序列字符串列表，如果需要换行则要自己加入每行的换行符。

（3）关闭文件

file. close（）为关闭文件操作。此处要注意的是，使用 open（）方法一定要保证关闭文件对象，即调用 close（）方法。这一点我们多次提到，因为是非常重要又易忽略的问题。

我们给出运用以上函数的一些操作的实例：

```
with open('exm. txt', 'r', encoding = 'utf-8')as f:
    print(f. read(10))
```

read 读取 exm 文本文件，size 参数指定要读取的字符数，这与文件的字符编码无关，就是返回 10 个字符。

```
with open('exm. txt', 'r')as f:
    print(f. readline(). decode('utf-8'))
```

readline 读取 exm 文本文件，按行输出文件每一行的内容。

下面我们循环输出每一行内容。

```
with open('exm. txt', 'r', encoding = 'utf-8')as f:
    for line in f. readlines():
```

```
    print(line)
```

先一次性读取所有行到内存，然后再循环打印。

（4）文件重命名

Python 的 os 模块提供了执行文件处理操作的方法，比如文件名的修改等。

其中文件重命名函数为 rename()。rename() 需要两个参数，即当前的文件名和新文件名。格式表示：os. rename（current_file_name，new_file_name）。

如果 current_file_name 和 new_file_name 对应的文件不存在，则会抛出 OSError。该方法没有返回值。

```
import os
path = 'rename_exm'
i = 1
for file in os. listdir(path):
    os. rename(os. path. join(path, file), os. path. join(path, str(i) + ". jpg"))
    i + = 1
```

上面的代码通过循环读取 path 中的每一个文件，并将其重命名后输出到 path 目录下。

（5）删除文件

当我们想使用 Python 删除文件时，可以调用 remove() 函数完成操作。具体使用时，只需按 os. remove（file_name）格式，填入想要删除文件的名称即可。注意，该函数的输入参数不可以是一个目录。

```
import os
dirPath = 'remove_exm/'
print('删除 remove_exm 目录下文件：% s', % os. listdir(dirPath))
if(os. path. exists(dirPath + "fo. txt")):
    os. remove(dirPath + "fo. txt")
    print('删除 remove_exm 目录下有文件：% s'% os. listdir(dirPath))
else:
    print('要删除的文件不存在!')
```

在以上代码中，我们先判断指定目录下是否存在要删除的文件，并对输出操作前后目录下的文件名进行对比。若一开始就不存在该文件，则输出"要删除的文件不存在!"

10.3 对文件内容进行迭代

（1）什么是迭代

通常我们认为，迭代可定义为一个为了往期望目标发展而不断反馈的过程。每一次进行重复的反馈，起点即为上一次迭代的终点，这也是迭代过程的连续性。

计算科学中，迭代是程序中对一组指令（或一定步骤）的重复。迭代表示一种特定形式的、具有可变状态的重复，可以被用作一种通用的术语。

迭代器都是单向的，仅能往前迭代。另一层面上，它又可以看作是一种访问并记忆集合中各元素的方法，功能强大。

迭代器可以由各种对象创建而成，如列表、元组等，而其最常用的两个函数为 next()

函数和 iter() 函数。

文件的迭代相当于对文件中的内容进行遍历和操作。

（2）按字节处理

在对文件内容进行迭代时，我们有多种迭代方式，每种方式都有其优缺点，这里我们对各种迭代方式进行简单的介绍，希望读者在实际应用时可以灵活地选择迭代方法。

作为使用频率最高的文件内容迭代法，read() 函数常见于 while 循环中，每次读取一定量的字节数，对读到的字节数进行 process()。举例如下代码：

```
f = open('filename. txt','r')
while True:
    char = f. read(1)
    if not char:
        break
    process(char)
f. close()
```

我们先用上一节提到的 open() 函数打开文件（'filename. txt'，'r'），并将其存储在变量 f 中，然后逐字节地进行循环迭代。当文件所有内容被读取之后，跳出循环，再用 close() 函数关闭文件。

（3）按行操作

在实际操作中，逐字节的迭代往往因其效率低而不常被使用，而在文件的处理方面，按行读取的方式更为常用。虽然迭代方式可以保持一致，但采用的读取函数与处理单个字符的不同为 readline()：

```
f = open(filename)
while True:
    line = f. readline()
    if not line:
        break
    process(line)
f. close()
```

（4）使用 fileinput() 实现懒加载式迭代

前面我们介绍过的 readline() 函数和 read() 函数，若使用是输入为空，则将默认读取文件全部内容，并加载到内存。

但这种加载方式存在的问题显而易见，即对内存的大量占用，有可能导致出现执行错误的情况发生。

这里就要说到，我们平常写 Python 代码要用到循环时，for 循环应当作为首选，这是因为该循环对所有的变量都可以分隔操作。作为 for 循环的引申，我们这里要介绍一种按行读取的迭代方法-懒加载式迭代，该方法只读取文件中被使用者需要的部分。

```
import fileinput
for line in fileinput(filename):
    process(line)
```

使用 fileinput() 时需要导入 fileinput 模块。

（5）文件迭代器

文件实际上也是可以迭代的，Python 在 2.2 版本之后加入了迭代文件对象的功能，这意味着我们可以直接在 for 循环中使用文件对象来进行迭代。

下面就是一个最简单的文件迭代器。我们打开了 path 路径对应的文件并赋予变量 f_name，然后直接对其进行迭代读取每行内容并输出。

```
f_name = open(path)
for line in f_name:
    print('line is:',line)
f_name. close()
```

为了确定文件是否被关闭，我们在迭代中通常会将其作成上下文管理器。但其实这并不是必须的，尤其是不要求文件写入的时候。此外，采用 Python 负责文件的关闭，可以简化示例如下。

```
for line in open(f_name):
    process(line)
```

另外，任何可以对迭代器做的事情基本上都可以对文件做，其用法和效果与上文中所运用的方法几乎相同。

（6）序列化与反序列化

通过将对象序列化可以将其存储在变量或者文件中，可以保存当时对象的状态，实现其生命周期的延长，并且需要时可以再次将这个对象读取出来。Python 中的几个常用模块可实现这一功能，如 pickle 模块、json 模块、shelve 模块。

下面我们来着重介绍 pickle 模块和 json 模块这两个模块，因为这两个模块使用频率更高。

① pickle 模块　pickle 模块提供四个功能：序列化 dumps()、dump()，反序列化 loads()、load()。pickle 模块可存储的变量多样，其中包括布尔值、整数、浮点数、复数、字符串、字节、None，由任何原生类型组成的列表、元组、字典和集合，函数、类、类的实例。

dumps() 将数据通过特殊的形式转换为只有 Python 语言认识的字符串。

```
import pickle
data = ['aa','bb','cc']
p_str = pickle. dumps(data)
print(p_str)
```

输出结果为：

```
b'\x80\x03]q\x00(X\x02\x00\x00\x00aaq\x01X\x02\x00\x00\x00bbq\x02X\x02\x00\x00\x00ccq\x03e. '
```

loads() 将 pickle 数据转换为 Python 的数据结构。

```
mes = pickle. loads(p_str)
print(mes)
```

输出结果为：

```
['aa','bb','cc']
```

Pick 的 dump() 模块分别将传入的变量转换为字符串并存入文件；而 Pick 的 load() 则将字符串反序列化为一个文件。

```
with open('D:/exm. pk','w')as f:
    pickle. dump(data,f)
with open('D:/exm. pk','r')as f:
    pickle. load(f)
```

② json 模块　首先我们介绍一下 json 这种数据格式。json 的数据格式其实就是 Python 里面的字典，而字典又可以由 Python 中的列表组成。json 模块的序列化功能和反序列化功能名称与 pickle 模块相同，为序列化 dumps()、dump()，反序列化 loads()，load()。其中 dumps() 只完成了序列化为 str，dump() 必须传文件描述符，将序列化的 str 保存到文件中；此外还需注意反序列化常用函数 loads () 和 load () 的区别，前者只能完成反序列化操作，而后者除了反序列化，还可接受对象，读取文件。

下面我们来看 json 模块的应用实例：

```
import json
data = [{'age':18,'name':'xm'}]
j_ = json. dumps(data)
print(j_)
print(json. dumps(data,indent = 4))
```

输出结果为：

```
[{"age":18,"name":"xm"}]
[
    {
        "age":18,
        "name":"xm"
    }
]
```

我们注意到两次输出结果的格式发生了变化，这是由于 json 字符串有格式化输出功能，如果想让结果格式化输出，只需在指令中加上 indent＝4 即可。

```
import json
with open("exm. json","r",encoding = 'utf-8')as f:
    a = json. loads(f. read())
    f. seek(0)
    b = json. load(f)
print(a,b)
```

看完 pickle 模块和 json 模块的序列化和反序列化的简单操作，我们来总结一下这两个模块之间的区别，以便以后有针对性地使用。

json 模块和 pickle 模块都有 dumps()、dump()、loads()、load() 四种方法，而且用法一样。不同的是 json 模块序列化出来的是通用格式，一般编程语言都认识，就是普通的字符串，而 pickle 模块序列化出来的只有 Python 可以认识，表现为乱码。

pickle 模块可以序列化函数，但是其他文件想用该函数，在该文件中需要有该函数的定义（定义和参数必须相同，内容可以不同）。

json 模块序列化的数据比 pickle 模块更通用，虽然 pickle 模块序列化的数据仅 Python 可用，但功能更强大，pickle 能对 Python 中的所有数据类型进行序列化，包括类和函数。

另外，json 模块还有格式化的功能。

表 10-2 是 json 模块可以序列化和反序列化的数据类型以及 Python 对象与 json 对象的对应关系。

表 10-2　**Python 对象与 json 对象的对应关系**

Python	json
dict	object
list，tuple	array
str	string
int，float	number
True	true
False	false
None	null

第11章 异 常

本章将阐述 Python 编程时经常遇到的错误信息，这些错误信息是提示我们代码在哪个地方出现了问题。在 Python 中，至少有两种错误信息，一种是语法错误，另一种是异常。语法错误一般比较好解决，也是在编程中经常发生的。下面详细阐述异常这个概念。

11.1 什么是异常

简单而言，异常是描述中断程序正常运行的事件，通常发生于正在执行的程序中。通常，在程序遇到问题无法正常执行时，Python 会抛出异常。此时我们可以根据被抛出的异常详情，定位导致异常的程序段或原因，并修改代码以避免异常再度发生。有时候，即使语法正确，程序执行的时候，也会发生错误，这个错误可能不是致命的错误，程序可能会跳过该错误继续执行。但是，大多数异常都会终止程序的执行。在编程时，你会经常遇到这样的错误。例如当程序中出现分母为零的情况：1/0，这时程序会给出一个错误信息 ZeroDivisionError。

```
Traceback(most recent call last):
    File "<ipython-input-96-b710d87c980c>",line 1,in <module>
        1/0
ZeroDivisionError:division by zero
```

常见的异常，如表 11-1 所示。

表 11-1　常见的异常

错误类型	错误名称	错误解释
SyntaxError	语法错误	在 import 模块的时候,解释器会搜索所有路径下的目录,如果该模块在解释器搜索的路径内就会被导入解释器中
IndexError	索引错误	一般发生语法错误时,会出现 invalid syntax 错误。
NameError	命名错误	命名出错,通过报错为 no model named...来提醒开发人员。
AttributeError	属性错误	属性错误,一般报错为...object has no attribute...
TypeError	类型错误	类型错误,一般报错为...no cal-label
KeyError	键错误	表示字典中不存在对应的键名

11.2 捕获异常

在 Python 编程时，如果遇到上述异常，该如何处理呢？这时候，就需要我们自己在程序中捕获异常，当遇到分母出现零的情况，我们就主要跳过该异常。常用的捕获异常方法有 try...except。该方法简单地说就是告诉程序，当遇到异常时该干什么。例如：

```
import random
a = 2
try:
    seed = random. randint(-2,2)        #random 是 Python 的一个库函数,用于产生随机数。
    a = a/seed
except:
    print(seed)
    print('出现分母为零的情况!')
```

当 seed＝0 的时候，程序就会输出以下结果：

```
0
```

出现分母为零的情况!

虽然出现了分母等于零的情况，但是我们程序使用了 try...except 主动捕获异常的方法，使得程序跳过了该异常。

另外 try 还与 else 或者 finally 搭配使用。与 else 搭配必须要放在 except 之后执行，表示当 try 里面的语句没有异常时执行。与 finally 搭配使用时，表示不管 try 里面的语句是否有异常，都要执行 finally 里面的语句。例如：

```
import random
for i in range(10):
    a = 2
    try:
        seed = random. randint(-2,2)
        a/ = seed
    except:
        print('出现分母为零的情况!')
    else:
        print(a)
```

输出结果为：

```
2. 0
2. 0
1. 0
1. 0
-2. 0
2. 0
-2. 0
-1. 0
```

出现分母为零的情况!

```
-1. 0
```

该循环总共 10 次，第 9 次出现分母为零，那么 else 里面的语句就不会被执行。

```
import random
for i in range(10):
    a = 2
```

```
try:
    seed = random. randint(-2,2)
    a/ = seed
except:
    print('出现分母为零的情况!')
else:
    print(a)
finally:
    print('每次都执行')
```

输出结果为:

-2. 0

每次都执行

1. 0

每次都执行

-2. 0

每次都执行

-1. 0

每次都执行

-2. 0

每次都执行

出现分母为零的情况!

每次都执行

1. 0

每次都执行

-1. 0

每次都执行

1. 0

每次都执行

1. 0

每次都执行

从输出结果可以看到,当加上 finally 后,里面的程序都会被执行一次。

11.3 引发异常

引发异常,也称抛出异常,是指在编写程序时,程序员可以强制引发异常。此时,需要用到 raise 语句,它的形式很简单,后面只需要跟着要引发的异常就行。需要注意的是,一旦引发异常,后面的语句都不会再继续被执行。例如:

```
inputValue = '1'
if type( inputValue)! = type(1):
    raise ValueError
else:
```

```
    print(inputValue)
```

当 inputValue 的数据类型和数字 1 不一致时，就会引发异常。这里输入的数据类型是字符串与整型数据类型不一致。因此，程序会直接引发异常 ValueError，导致程序终止，不会执行 else 语句。

另外，如果使用了 try…finally 语句，当用 raise 语句引发异常时，finally 中的程序还是会被执行，但执行完之后，程序就会终止。例如：

```
for i in range(5):
    try:
        if i >= 3:
            raise ValueError
    finally:
        print(i)
```

输出结果为：

```
0
1
2
3
raise ValueError
ValueError
```

当 i>=3 时，此时引发异常，但是还会执行 finally 语句，输出结果 3。执行完 finally 语句之后，程序才会抛出异常 ValueError。

11.4 断言

当需要断句时，我们建议使用 assert，这是一种简洁实用的断句格式。断句的用处在于当代码不满足我们预设的条件时主动停止，这样可以避免运行一段时间后因程序异常而被迫停止。断句可以为我们节省调试时间。

assert 语句用来声明某个条件是真的。当条件不为真时，会引发 AssertionError 异常。下面来看一个简单的断言语句用法。例如：

```
a = -1
assert a > 0
```

这里表示，a<=0 时，引发异常。assert 后面接的是 a>0 时，才满足条件。因此程序就会引发 AssertionError 异常。

出现异常，程序提示的异常信息越详细越好，在 assert 断言后面加上提示的信息，有助于更好地了解问题出在什么地方。assert 语句的基本表达式如下：

```
assert expression[,arguments]
assert 表达式[,参数]
```

例如：

```
a = '123'
assert type(a) == int,'TypeError'
```

输入为字符串形式，但要求格式为整型。因此，程序执行到 assert 时就会引发断言，输出 TypeError。如果输入形式为 int 类型，那么程序就会继续往下执行。

11.5 实现自定义异常

可以通过直接或间接的方式继承 Exception 类来实现自定义异常。接下来，我们展示一系列实例，这些实例均与 RuntimeError 有关，它们创建了相同基类的类，这个类的作用是在触发时抛出更详细的信息，方便使用者定位和分析异常。

```
class Networkerror(RuntimeError):
    def __init__(self,init):
        self. init = init
try:
    raise Networkerror("Bad Program")
except Networkerror as e:
print(e. init)
```

输出结果为：

('B', 'a', 'd', ' ', 'P', 'r', 'o', 'g', 'r', 'a', 'm')

另外，我们需注意在写代码时尽量避免一个模块中有多个异常，常规的应对方法是创建基础异常类，并在这个大类中细分出不同类型的异常。

11.6 with 关键字

介绍完 try…except 等语句来处理异常，下面介绍 with 语句。Python2.5 之后的版本中添加了 with 语句，需要通过 __ future __ import with __ statement 导入后才可以使用。在 Python2.6 版本中，with 语句才可以直接使用，这意味着 with 现在已经成为一个关键字。with 语句阐明了以前使用 try…finally 块的代码，以确保执行清理代码。with 是一种上下文管理协议，目的在于简化 try…except…finally 的处理流程，将 try、except、finally 的相关代码进行删除，释放内存资源。with 语句是一个控制流结构，其基本结构是：

```
with expression [as variable]:
    with-block
```

with 语句在对表达式进行求值时，会生成一个支持上下文管理协议的对象，即具有 __ enter __ () 和 __ exit __ () 方法。在执行 with-block 之前调用对象的 __ enter __ ()，因此可以运行设置代码。如果给定，它还可以返回绑定到 name 变量的值。执行 with-block 后，即使 block 引发异常，也会调用对象的 __ exit __ () 方法，因此可以运行清理代码。一些标准 Python 对象现在支持上下文管理协议，可以与 with 语句一起使用，读取文件对象就是一个例子。例如：

```
with open("codefile. txt",'r')as cf:
    for line in cf. readlines:
        print(line)
```

执行此语句后，cf 中的 codefile 对象将被自动关闭，即使 for 循环在整个块中引发异常。

（1）上下文管理器

在程序中用上下文管理器（ContextManager）来表示代码执行过程中所处的前后环境。上下文管理器中有 __ enter __（）和 __ exit __（）两个方法。以 with 关键字为例，在执行 with 后面的语句时，后面会跟着 __ enter __（）方法来处理之前的任务。例如，在创建一个对象或者初始化任务时都会调用 __ enter __（）方法。在 with 内的程序被执行完后，会调用 __ exit __（）方法来结束任务或者关闭文件等。例如：

```
class Openfile(object):
    def __init__(self, path, mode = 'w'):
        self.path = path
        self.mode = mode

    def __enter__(self):
        self.handle = open(self.path, self.mode)
        return self.handle

    def __exit__(self, exc_type, exc_val, exc_tb):
        self.handle.close()


with Openfile('test.txt') as f:
    f.write("ContextManager!!")
```

执行代码之后，会生成一个名字为 test 的文件，里面写入的内容为"ContextManager!!"。我们在 __ init __（）里面定义了两个参数：path 用来存放文件的路径；mode 默认为写操作，如果是读操作，mode 传入参数"r"。with 语句首先调用 __ enter __（）对目前路径下的文件进行读写操作，当所有操作完成之后，with 上下文管理器会调用 __ exit __（）处理收尾工作，关闭文件。当代码运行出现异常时，所有的异常都会通过 __ exit __（）方法来存放。异常的类型和异常值分别存放在 exc_type 和 exc_val 中。

（2）上下文管理协议

上下文管理器需要遵循一种协议，即上下文管理协议，是为了让一个对象兼容 with 语句，而必须在这个对象的类中声明 __ enter __（）和 __ exit __（）的方法。Python 中的上下文管理协议中必须包含 __ enter __（）和 __ exit __（）两个方法。上下文管理协议的基本结构为：

```
class ContextManage:
    def __enter__(self):
        pass
    def __exit__(self, exc_type, exc_val, exc_tb):
        pass
context = ContextManage()
with context[as var]:
```

```
with_body
```

ContextManage 实现了 _ enter _（）和 _ exit _（）这两个上下文管理器协议，当
ContextManage 调用实例化的时候，即创建了上下文管理器。

很多时候，我们都会采用 with 语句，主要有两点好处。

① with 语句执行结束后，会自动完成清理工作，无需手动干预。

② 可以通过 _ exit _（）来定制自动释放资源工作，如文件管理、网络连接等编程环
境中。

第12章　面向对象技术

12.1　OOD 概念

OO，即面向对象（Object Oriented），是构建软件系统的一门方法。它以对象为中心，使用类和继承的方式来构造系统。OOD 全称为面向对象设计（Object-Oriented Design，OOD），是 OO 方法中的一个中间过渡环节，是一种解决软件问题的设计范式。OOD 使得系统更容易扩展、增强和移植。

Python 从设计之初就已经是一门面向对象的语言了。面向对象技术包含四个重要概念。

① 类：用来描述具有相同属性和方法的对象的集合。它定义了该集合中每个对象所共有的属性和方法。对象是类的实例。例如，学生是一个类，学生的姓名和学号是类的属性，学生去上课和参加考试是类的方法。小明是一个学生，也就是学生类的一个实例，即对象。小明有自己的特定属性和方法。

② 封装：将抽象得到的属性和方法相结合，形成一个有机的整体（即类）。封装类的目的是为了让使用者直接使用外部接口就可以访问内部额类成员，而不需要使用者去详细了解内部的具体细节，这样可以增强代码的安全性和简洁性。

③ 多态：指的是一类事物有多种形态。如学生有多种形态：小学生、中学生和大学生等。

④ 继承：即一个基类被一个派生类继承其属性和方法，且被继承的类可以作为基类被再次继承。

12.2　类

12.2.1　类的声明与定义

面向对象编程里最重要的概念之一就是类和实例，类是一系列方法和属性的组合，而实例就是通过继承类的属性和方法，创建出来的具体的"对象"。要声明和创建一个类，我们需要使用 class 关键字。语法如下：

```
class ClassName(object):
    def __init__(self,args):    #self 参数不能少。
    pass    #pass 表示跳过当前行，一般用来占位。
```

语法说明如下。

① class 关键字后面跟着类的名称，括号内的 object 表示该类继承自哪个类（继承的概念后文有讲）。如果没有合适的类继承，就用 object，也可以省略不写。接着以冒号结尾。

② 看第一个方法 __init__()，它是用来初始化类的特殊方法，称为类的构造方法，名称通常是固定的，即 __init__。当创建类的实例时，会自动调用该方法。在 __init__() 方

法的参数中，self 代表类的实例，指向实例本身，在定义类的方法时 self 是必须有的，且必须为第一个参数，但是在调用时不必传入相应的参数；args 表示要传递的参数。＿init＿()方法通常用来初始化某些属性。

③ 创建类的＿init＿()方法后，在创建类的实例时必须传入相应的参数。当然，self 参数不用传递。

下面我们创建一个具体的学生类来演示类的创建过程。

```python
class Student(object):
    def __init__(self,name,number):
        self.name = name      # self 代表类的一个实例。
        self.number = number


    def introduction(self):
        print("I am a student.")
```

该类的名称为 Student，name 和 number 是类的属性，函数 introduction()是类的方法。每一个学生都有自己的名字和学号，所以我们在初始化类时利用＿init＿()方法就将名字和学号绑定到创建的实例上。

在创建类时，我们也可以不添加＿init＿()方法。请看如下代码：

```python
class Student_:
    def introduction(self):
        print("I am a student.")
```

12.2.2 类的实例化与使用

当我们研究一个具体的对象时，我们需要创建一个类的实例。我们通过以下语句来创建一个实例：

```python
studentA = Student("XiaoMing","20190001")
```

其中，studentA 是变量名，他是学生类的一个实例，Student 是类名。在学生类的＿init＿()方法中，定义了两个参数，name 和 number，所以创建实例时也必须传入相应的参数。在传入的参数中，"XiaoMing" 是这个学生的名字，"20190001" 是这个学生的学号。当创建类的实例时，程序会自动调用＿init＿()方法，将传入的名字和学号传递给创建的实例。

创建了类的实例后，可以通过点号语法访问或修改类的成员。我们已经创建了 studentA 的实例，可以通过点号来访问或修改它的成员。例如，要打印它的名字，编写如下代码：

```python
print(studentA.name)
```

运行程序，就能看到屏幕上显示：

```
XiaoMing
```

如果要将 studentA 的学号修改为 20190002，可以这样做：

```python
studentA.number = "20190002"
```

然后将学号打印出来：

```python
print(studentA.number)
```

就能看到 studentA 的学号已经改为 20190002 了。

同样地，也可以用点号语法来调用类的方法。例如：

studentA. introduction()

虽然我们只创建了一个学生类，但是可以用这个类来实例化多个对象：

studentA1 = Student("A1","20191001")

studentA2 = Student("A2","20191002")

studentA3 = Student("A3","20191003")

每一个创建的实例都有共同的属性，name 和 number，但具体的属性值是不一样的。另外，每一个实例之间是彼此独立的。

在这里，我们每次创建实例时，都需要传入学生的名字和学号。如果需要创建很多个实例来录入学生的信息，此时手动输入学号就会变得麻烦，而且容易出错。可以采用自动计数的方法来记录学号。我们将 Student 类修改为如下形式：

```
class Student:
    studentCount = 20190001

    def __init__(self,name):
        self. name = name
        self. number = Student. studentCount
        Student. studentCount + = 1

    def numberIs(self):
        print("The number of " + self. name + " is:" + str(self. number))
```

首先，在 __ init __() 方法中，不再需要传入 number 参数了，我们通过直接赋值的方式来指定学生的学号，这个学号就是 Student. studentCount。

> **◎ 注意**
>
> 为了实现自动计数，我们把 studentCount 这个变量的定义放在了函数之外，这样的属性称为类的属性。

每创建一个实例，studentCount 自动加一达到计数的目的。在 numberIs() 方法中，因为 number 是整数，所以在使用 print() 方法时要先将其转换为字符串类型，也就是 str (self. number)。下面我们创建三个实例来说明自动计数的好处：

studentB1 = Student("B1")

studentB2 = Student("B2")

studentB3 = Student("B3")

创建实例后，我们分别调用各自的 numberIs() 方法：

studentB1. numberIs()

studentB2. numberIs()

studentB3. numberIs()

运行程序，可以看到三个学生的学号是不一样的：

The number of B1 is:20190001

The number of B2 is:20190002

The number of B3 is:20190003

studentCount 变量是类的属性，不是实例的属性，所以实例无法修改类的 studentCount 成员。我们尝试运行以下代码：

```
studentB1. studentCount = 10
studentB4 = Student("B4")
studentB4. numberIs()
```

可以看到，结果为：

```
The number of B4 is:20190004
```

实例无法改变类的属性。那为什么程序没有报错呢？因为此时 studentB1 自己创建了 studentCount 的属性。我们再运行以下代码：

```
print(studentB1. studentCount)
print(studentB3. studentCount)
```

运行结果分别为 10 和 20190005。studentB1. studentCount 指向的是 studentB1 自己的属性，因为它已经初始化了这个属性；而 studentB3. studentCount 仍然指向类的 student-Count 属性，因为它没有经过实例的初始化，这是 Python 的动态语言特性。当我们创建类的实例后，我们可以给实例绑定任何属性。但是如果我们要限制实例的属性该怎么做呢？

我们可以通过定义一个特殊的 __ slots __ 变量来限制实例的属性，请看如下代码：

```
class Student(object):
    __slots__ = ('name','number')


studentSlot = Student()
studentSlot. name = 'Slot'
studentSlot. score = 100
```

运行程序，我们会看到：

```
AttributeError:'Student' object has no attribute 'score'
```

我们使用一个元组来设定允许实例绑定的属性，当实例要绑定的属性不在这个元组中时，程序就会报错。这样就达到来限制实例绑定属性的目的。

 说明

__ slots __ 定义的属性对继承的子类不起作用。

前面我们定义学号时使用的整数型变量，也可以把它定义为字符串，再给它加上一个固定的格式。修改代码如下所示：

```
class Student:
    studentCount = 1

    def __init__(self,name):
        self. name = name
        self. number = str(Student. studentCount). zfill(6)
        Student. studentCount + = 1

    def numberIs(self):
        print("The number of " + self. name + " is:" + self. number)
```

我们先使用 str() 方法将整数变成字符串，然后用 zfill() 方法转换成固定格式。zfill()
方法用 0 来填充位数，这里我们填充为 6 位数。因为此时的 number 已经是字符串类型了，
所以 print() 方法中就不再需要转换了。运行如下代码：

```
studentB5 = Student("B5")
studentB5. numberIs()
```

运行结果为：

```
The number of B5 is:000001
```

12. 2. 3 封装

当需要打印某个学生的名字时，我们可以通过点号来访问实例的属性，使用如下语法：

```
print("His or her name is:",studentB5. name)
```

我们也可以将其写成函数的形式方便调用：

```
def displayName(student):
    print("His or her name is:",student. name)
```

如果要打印 studentB5 所代表的学生的名字，可以使用如下语句：

```
displayName(studentB5)
```

由于 Student 本身已经拥有这些数据，我们可以在类的内部定义访问数据的函数，就不
需要从外部访问数据了，这样就是把数据"封装"起来了。这些封装数据的函数就是类的方
法。定义类的方法与定义普通的函数基本一样，只是多了一个必须有的参数——self，具体
语法如下：

```
class Student:
    def __init__(self,name,number):
        self. name = name
        self. number = number


    def displayName(self):
        print("His or her name is:",self. name)


    def displayNumber(self):
        print("His or her student number is:",self. number)
```

与 __init__() 方法一样，self 参数在定义方法时必须有，调用方法时则不必传入。

> ◎ 技巧
> 和函数相比，类的参数里必须有一个 self，这是它们的区别。

如果要打印学生的名称，可以这样写：

```
studentC1 = Student("C1","20190005")
studentC1.displayName()
```

如果是打印学号，则写：

```
studentC1.displayNumber()
```

点号"."表示属于的意思，表示我们调用的是学生 C1 的方法而不是其他学生的。因

为方法中只有 self 一个参数，所以在调用时不需要传入参数。当运行此程序时，屏幕上将显示：

His or her name is:C1

His or her student number is:20190005

封装就是把类的内部细节隐藏起来，只提供一个接口给外部调用。封装分为两个层面，第一个是类和对象，当我们创建了类和对象之后，我们只能通过点号语法来访问它们的属性和方法，这本身就是封装。第二个层面是对类内的属性和方法的封装，只有在类的内部使用，外部无法访问。要实现这样的封装，我们需要了解 Python 的访问权限。

12.2.4 访问权限

前面我们对类的数据进行了封装，也就是类的方法，但我们仍然可以直接从外部修改实例的属性。例如，要修改学号，我们可以直接调用实例的属性：

studentC1. number = "20190000"

这样做固然可以达到目的，但缺失了安全性。有些属性，我们并不希望随意地被外部所修改。为了加强代码的安全性，我们将某些属性和方法设置为私有的。我们可以在不想被外部代码修改的属性名称前面加上两个下划线，这样就让其变成了一个私有变量，只有在类的内部可以访问，外部不能访问。例如，把学生类中学生的名字设置成私有变量：

```
class Student:
    def __init__(self,name,number):
        self.__name = name
        self.number = number
```

我们再尝试使用外部直接访问的方法来修改实例的属性：

studentD1 = Student("D1","20190006")

print(studentD1.__name)

此时编译器会报错：

Exception has occurred:AttributeError

'Student' object has no attribute '__name'

因为 __name 已经是私有变量了，不能从外部访问。那如果我们还是要从外部访问 __name 这个属性该怎么做呢？可以在类内创建一个方法用来给外部代码调用：

```
class Student:
    def __init__(self,name,number):
        self.__name = name
        self.number = number

    def getName(self):
        return self.__name
```

这样就可以以调用类的方法的形式来访问私有变量了。代码如下：

studentD2 = Student("D2","20190007")

print(studentD2.getName())

运行程序，屏幕上就会显示该实例的名字了。

> **注意**
>
> 以"＿"开头和结尾的变量为特殊变量，可以直接从外部访问。

与变量一样，如果在函数名称前加上双下划线，就变成类的私有方法，也不能直接从外部访问。

12.2.5 类的内建函数

内建函数指 Python 环境提供给我们直接使用的函数。访问类的属性时，除了直接使用实例名加点号的方式外，Python 还提供了几种内建函数来访问实例的属性。如下所述。

getattr（obj，name［，default］）：访问对象的属性，返回对象的属性值。

hasattr（obj，name）：检查是否存在一个属性，返回 True 或 False。

setattr（obj，name，value）：设置一个属性。如果属性不存在，会创建一个新属性。

delattr（obj，name）：删除属性。

同样地，我们可以使用以下语句来打印实例的属性：

print(getattr(studentD2,"name"))

也可以使用以下语句来设置实例的属性：

setattr(studentD2,"number","20190000")

① issubclass() 函数可以用来判断一个类是否为另一个类的子类，其语法如下：

issubclass(class1,class2)

该函数判断 class1 是否为 class2 的子类，返回 bool 值。如果 class1 是 class2 的子类，则返回 True；否则返回 False。

② isinstance() 函数可以用来判断一个对象是否是已知的类型，其语法如下：

isinstance(object,classinfo)

其中 object 是实例对象，classinfo 是类名或者基本类型。该函数返回 bool 值，如果 object 类型与 calssinfo 相同，则返回 True；否则返回 False。

③ dir() 函数可以获得一个对象的全部属性和方法，返回一个包含字符串的 list。用法如下：

dir_test = dir("abc")

print(dir_test)

我们通过 dir() 函数来查看一个字符串的属性和方法，打印结果为：

['_add_','_class_',…,'upper','zfill']

12.2.6 @property 装饰器

我们首先来新建一个学生类：

```
class Student(object):
    def __init__(self,name,age):
        self. name = name
        self. age = age
```

```
def introduction(self):
    print("My name is {0} and I am {1} years old. ".format(self. name, self. age))
```

和前面一样，我们创建一个实例：

```
studentE1 = Student("E1",18)
```

这样我们就可以随意访问和修改实例的属性了。比如：

```
studentE1. name = "XiaoQiang"
studentE1. introduction()
```

显示结果为：

My name is XiaoQiang and I am 18 years old.

甚至我们还可以这么做：

```
studentE1. name = 123
studentE1. age = 1. 8
studentE1. introduction()
```

运行代码，我们可以看到，程序依然是正确的：

My name is 123 and I am 1.8 years old.

显然这是不符合实际情况的。因为我们知道，名字应该用字符串类型的变量，而描述一个人的年龄通常也不会用浮点数来描述。尽管我们不会犯这种常识性错误，但是在编写代码时难免出现会出现一些意料之外的错误，这个时候我们希望除了能访问和修改属性之外，还能有一些其他的属性管理功能，比如参数类型检查、合理性验证等。

利用我们前面讲的类的封装，我们可以创建一个类的方法来设置属性，在方法之中嵌入我们想要的功能。比如我们检查输入的名字是否是字符串类型，请看如下代码：

```
class Student(object):
    def __init__(self, name, age):
        self. name = name
        self. age = age


    def setName(self, name):
        if not isinstance(name, str):
            raise TypeError("Expecting a string")
        self. name = name


    def introduction(self):
        print("My name is {0} and I am {1} years old. ".format(self. name, self. age))
```

我们创建一个 setName() 方法来设置名字，在该方法中首先检查输入参数的类型是否为字符串。我们用上面的例子来验证一下：

```
studentE2 = Student("E2",18)
studentE2. setName(123)
studentE2. introduction()
```

此时运行程序就会报错：

TypeError:Expecting a string

这样就达到了我们要先检查参数的目的。加入 setName() 方法后，在设置名字时就要调用方法而不是直接修改属性,那有没有可能仍旧通过直接访问属性的方法来设置名字并且也能检查参数呢?答案是肯定的。

此时我们就需要用@property装饰器了。@property装饰器可以把一个方法变成属性调用,或者说,当访问某一属性时,程序自动调用相关的方法。请看@property的用法:

```python
class Student(object):
    def __init__(self,name):
        self. name = name

    @property
    def name(self):
        return self._name

    @name. setter
    def name(self,name):
        if not isinstance(name,str):
            raise TypeError("Expecting a string")
    self._name = name
```

在这里,首先用@property把name定义成了一个property,然后给它绑定一个setter方法:@name. setter。当调用name属性时,返回的是self. _name;当设置name属性时,程序自动调用setter方法。我们来验证一下:

```python
studentE3 = Student("E3")
print(studentE3. name)
studentE3. name = 123
```

屏幕上首先显示名字E3,然后报错TypeError:Expecting a string。因为我们试图将名字设置成整型变量。读者可能注意到,在__init__()方法中,我们使用的是self. name,而在另外两个方法中使用的是self. _name,为什么不是同一个呢?首先,如果我们都定义成self. name,这样就和name()方法重名,在调用时会无限循环(读者可以自己实验一下);如果都定义成self. _name,那么__init__()方法中就是直接访问self. _name属性了,而不会进行参数检查。有了@property,我们就可以使用简洁的赋值方法来正确地设置属性了。

另外,也可以用@property来设置age属性,完整代码如下:

```python
class Student(object):
    def __init__(self,name,age):
        self. name = name
        self. age = age

    @property        #绑定装饰器。
    def name(self):
        return self._name

    @name. setter        #设置name属性时自动调用的方法。
```

```
    def name(self,name):
        if not isinstance(name,str):
        raise TypeError("Expecting a string")
        self._name = name

    @name.deleter        #删除 name 属性时自动调用的方法。
    def name(self):
        raise AttributeError("Name can not be deleted")

    @property
    def age(self):
        return self._age

    @age.setter        #设置 age 属性时自动调用的方法。
    def age(self,age):
        if not isinstance(age,int):
            raise TypeError("Expecting a integer")
        if age < 0 or age > 120:
            raise ValueError("Age must be in 0--120")        #人的年龄是有范围的。
        self._age = age


def introduction(self):
    print("My name is {0} and I am {1} years old. ".format(self.name,self.age))
```
对于 name 属性, 我们添加了设置方法和防删除方法 (@name.deleter); 对于 age 属性, 我们添加了参数类型检查和值的大小检查。这样在设置属性时就不怕出错了。

@property 被广泛使用的主要原因是它可以让开发者写出简洁的代码, 对参数的检查, 也减少了程序出错的可能。

12.2.7 枚举类

当我们需要定义常量时, 一般使用大写的变量来指示它。例如学生去学校上课, 有步行、骑自行车、坐公交车和坐小汽车等交通方式, 我们可以这么定义:

```
WALK = 1
BICYCLE = 2
BUS = 3
CAR = 4
```

这样做显得非常简单, 但它们仍然是变量, 可以被随意修改。我们可以为这些变量定义一个枚举类型, 每个常量都是类的唯一实例。代码如下:

```
from enum import Enum
transportation = Enum("transportation",('walk','bicycle','bus','car'))
```

这样我们就获得了一个枚举类型。创建枚举类型首先要导入枚举模块。同样地, 也可以使用点号语法来访问常量:

```
print(transportation. walk. value)
print(transportation. bicycle. value)
print(transportation. bus. value)
print(transportation. car. value)
```
可以看到结果为：
```
1
2
3
4
```
value 默认从 1 开始，然后每增加一个成员，value 值加 1。

12. 2. 8 类的存储与导入

代码比较长时，我们一般会把通用的类单独存储在一个文件中，这样方便管理和扩展。例如，我们把 12. 2. 6 节中创建的学生类存储在 student. py 文件中：

```
# student. py
class Student(object):
    def __init__(self,name,age):
        self. name = name
        self. age = age

    @property
    def name(self):
        return self. _name

    @name. setter
    def name(self,name):
        if not isinstance(name,str):
            raise TypeError("Expecting a string")
        self. _name = name

    @name. deleter
    def name(self):
        raise AttributeError("Name can not be deleted")

    @property
    def age(self):
        return self. _age

    @age. setter
    def age(self,age):
        if not isinstance(age,int):
```

```
            raise TypeError("Expecting a integer")
        if age < 0 or age > 120:
            raise ValueError("Age must be in 0--120")    #人的年龄是有范围的。
        self._age = age


    def introduction(self):
            print("My name is {0} and I am {1} years old.".format(self.name,
        self.age))
```
同一个文件中可以存储多个类，我们可以把体育类也加入进来。

在另一个文件中需要调用这个类时，我们首先需要把它导入进来，可以使用如下语句：

```
from student import *
```

这样可以把文件中所有的类都导入进来，也可以使用 import student 导入整个模块，或者使用 from student import Student 导入单个类，推荐使用这种方式，需要什么类就导入什么类。导入类以后，我们就可以按之前的方式使用类：

```
studentE1 = Student("E1",18)
studentE1.introduction()
```

12.3 继承和多态

12.3.1 __ bases__ 属性

在 Python 中，每个类都有一个 __ bases __ 属性，列出其基类。我们使用 12.2 节中创建的学生类，打印出它的基类：

```
print(Student.__bases__)
```

屏幕上将显示：

```
(<class 'object'>,)
```

也就是说 Student 这个类继承自 object 类。

12.3.2 继承的基本概念

使用继承可以实现代码的重用。通过继承创建的新类被称为子类或派生类，被继承的类被称为基类、父类或超类。比如姓名这个属性是学生共有的，当我们创建一个特殊的学生类时，直接继承基类就可以拥有这个属性。我们通过前面创建好的学生类来创建一个大学生类，语法如下：

```
class Student:
    def __init__(self,name,number):
        self.name = name
        self.number = number


def displayName(self):
    print("His or her name is:",self.name)
```

```
    def displayNumber(self):
        print("His or her student number is:",self.number)


class CollegeStudent(Student):
    pass
```

继承的格式为：class 关键字＋子类名＋括号内的父类名＋冒号，pass 表示不增加新的成员。CollegeStudent 类继承了父类的所有成员，虽然我们没有给它增加成员，但它已经拥有了名称和学号这些属性以及打印名称等方法。同样地，在使用新建的 CollegeStudent 类时，我们需要先实例化一个对象：

```
studentF1 = CollegeStudent("F1","20190008")
```

因为大学生类继承了学生类，所以实例化方式是一样的。如果我们要打印该学生的名字，可以这样写：

```
print("studentF1's name is:",studentF1.name)
```

因为继承了学生类，我们也可以直接调用类的方法：

```
studentF1.displayName()
```

12.3.3 多态

多态指的是在不同的继承子类中，不同的类可以有不同的状态。学生类可以有多个子类，例如大学生、中学生和小学生等，这就是多态。

CollegeStudent 类继承了 Student 类，拥有了父类的 displayName() 方法，即便如此，我们仍然可以在子类中重写这个方法：

```
class CollegeStudent(Student):
    def displayName(self):
        print("The name of the college student is:",self.name)
```

我们调用重写的 displayName() 方法：

```
studentF1.displayName()
```

屏幕上将显示：

```
The name of the college student is:  F1
```

当子类和父类都存在相同名称的方法时，子类的方法会覆盖父类的方法。在运行代码时，会直接调用子类的方法。

多态的优点就是，当我们需要传入更多的子类，例如新增小学生类时，我们只需要继承基本的学生类型就可以了，而 displayName() 方法既可以不重写（即使用父类的），也可以重写一个特有的。这就是多态的意思。在调用时，不用去理会细节部分，如果新增一种学生子类，只需要保证新增的编写正确即可。这就是著名的"开闭"原则：

对扩展开放：允许子类重写方法函数；

对修改封闭：不重写，直接继承父类方法函数。

12.3.4 从标准类型派生

前面已经说到，通过继承创建的新类称为子类或派生类，派生就是子类在继承父类的基础上衍生出新的属性。这些属性可以是子类中独有的，父类中没有的；也可以是子类定义与父类重名的。在 12.3.3 节中，CollegeStudent 类中定义了与父类同名的 displayName() 方法，我们也可以重写子类的构造函数 __ init __()。例如：

```
class CollegeStudent(Student):
    def __init__(self,name,number):
        self.name = name
        self.number = number
        print("Initialization of CollegeStudent.")
```

我们创建一个新的实例：

```
studentF2 = CollegeStudent("F2","20190009")
```

运行程序，屏幕上将显示：

```
Initialization of CollegeStudent.
```

另外，还可以给子类添加新的方法。例如：

```
class CollegeStudent(Student):
    def jobHunting(self):
        print("I'm hunting for a job.")
```

12.3.5 多重继承和多继承

在通过继承创建新类时，如果父类还有自己的父类，这样通过一层接一层的继承称为多重继承。如果子类名后的括号内列出了多个父类名，这种叫多继承。多重继承和多继承都可以让子类同时获得多个父类的功能。

（1）多重继承

我们创建的 Student 类继承自 object 类，而 CollegeStudent 类继承自 Student 类，这就是多重继承。我们再来看以下例子：

```
class Student(object):
    def __init__(self,name,number):
        self.name = name
        self.number = number

    def displayName(self):
        print("His or her name is:",self.name)

    def displayNumber(self):
        print("His or her student number is:",self.number)

class CollegeStudent(Student):
    def introduction(self):
        print("I am a College Student.")

class SecondYearsCollegeStudent(CollegeStudent):
    pass
```

SecondYearsCollegeStudent 类继承自 CollegeStudent 类，而 CollegeStudent 继承自 Student 类，所以 SecondYearsCollegeStudent 类同时获得了 CollegeStudent 类和 Student 类的功能。我们实例化一个对象：

studentF3 = SecondYearsCollegeStudent("F3","20190010")

SecondYearsCollegeStudent 类继承了父类 CollegeStudent 的 __ init __ () 方法，而 CollegeStudent 类也继承了它自己的父类 Student 的 __ init __ () 方法。所以在实例化 SecondYearsCollegeStudent 类时需要加上 name 和 number 参数，不然会报错。我们调用一下新建实例的方法：

studentF3. introduction( )

studentF3. displayName( )

运行程序，显示结果为：

I am a College Student.

His or her name is: F3

这样就实现了多重继承，子类无需添加任何方法和属性就直接拥有父类和父类的功能。

> **◎ 注意**
>
> 如果父类中的方法用到了自己的属性，那么子类在调用之前必须保证这个属性已经被初始化了。

(2) 多继承

多继承指的是子类同时继承多个父类。例如，我们要给大学生类加上体育活动，我们先创建体育活动类：

```
class Student(object):
    def __init__(self,name,number):
        self. name = name
        self. number = number


    def displayName(self):
        print("His or her name is:",self. name)


    def displayNumber(self):
        print("His or her student number is:",self. number)


class Sport:
    def play(self):
        print("Playing basketball. ")
```

我们重新创建一个大学生类：

```
class CollegeStudent(Student,Sport):
    pass
```

这样，新建的 CollegeStudent 类就同时拥有了学生类和体育活动类的功能。我们先实例化一个对象：

```
studentF4 = CollegeStudent("F4","20190011")
```

然后调用学生类的方法：

```
studentF4.displayName()
```

运行程序，屏幕上将显示：

His or her name is: F4

再调用体育活动类的方法：

```
studentF4.play()
```

运行程序，屏幕将显示：

Playing basketball.

这样我们就实现了多继承，子类同样拥有多个父类的功能。

> ⊙ 注意
>
> 多重继承和多继承的区别：在多重继承中，每一个父类都有自己的父类，它们之间有
> 派生关系；而在多继承中，父类之间可以是没有派生关系的独立类。

在上例中，Sport 类没有自己的 __ init __ () 方法，也没有需要传递的参数。我们将代码修改为如下所示：

```
class Sport:
    def __init__(self,item):
        self.item = item


    def play(self):
        print("Playing " + self.item)
```

我们再重新创建一个大学生类：

```
class CollegeStudent(Student,Sport):
    pass
```

这样，新建的 CollegeStudent 类就同时继承了学生类和体育活动类。这里产生了一个问题，我们继承的两个父类都有自己的 __ init __ () 方法，而新建的 CollegeStudent 类没有自己的 __ init __ () 方法，那在对它进行实例化时调用的是谁的方法呢？又该怎么传递参数呢？我们先用如下代码实例化一个对象：

```
studentF5 = CollegeStudent("F5","20190012")
```

然后调用学生类的方法：

```
studentF5.displayName()
```

运行程序，屏幕上将显示：

His or her name is: F5

显示结果是对的，说明这样实例化是可以的。再调用体育活动类的方法：

```
studentF5.play()
```

此时运行程序将会报错：

AttributeError:'CollegeStudent' object has no attribute 'item'

这是因为我们在创建实例时根本没有传递 item 这个参数，所以就报错了。我们修改 student 代码如下：

studentF6 = CollegeStudent("F6","20190013","basketball")

再运行程序，又报新的错误：

TypeError:__init__()takes 3 positional arguments but 4 were given

这是因为在创建子类时默认使用第一个父类的 __ init __（），而 Student 类的 __ init __（）方法只接收 3 个参数（包括 self 参数），我们却给了四个，所以就报错了。如果第一个父类没有自己的 __ init __（）方法，则子类继承第二个父类的 __ init __（）方法，以此类推。要正确地创建这个子类，我们可以给它加上自己的 __ init __（）方法，代码如下：

```
class CollegeStudent2(Student,Sport):
    def __init__(self,name,number,item):
        Student.__init__(self,name,number)
        Sport.__init__(self,item)
```

在 __ init __（）方法中，我们分别显式调用了 Student 类和 Sport 类的 __ init __（）方法来初始化这两个父类，并且传递了 self 参数。此时我们再创建实例时就不会报错了：

studentF7 = CollegeStudent2("F7","20190014","basketball")

studentF7. displayName( )

studentF7. play( )

运行结果为：

His or her name is: F7

Playing basketball

因为 Student 类是 CollegeStudent2 类的第一个父类，所以在初始化 Student 类时，还可以使用 super()函数。super()函数是用于调用父类（超类）的一个方法，它是用来解决多重继承问题的。super()的用法如下：

```
class CollegeStudent3(Student,Sport):
    def __init__(self,name,number,item):
        super().__init__(name,number)
        Sport.__init__(self,item)
```

这和前面的效果是一样的。在使用 super()方法时，调用的是 CollegeStudent3 的第一个父类，也就是 Student 的 __ init __（）方法，与上例相比，super()方法不需要传递 self 参数。

12.4 迭代器

迭代的意思是重复做某件事，是访问集合元素的一种方式。迭代器可以记住遍历的位置。要创建迭代器，我们可以使用 iter() 方法，要访问迭代器中的元素，使用 next() 方法。每次访问的时候都从集合的第一个元素开始，一直向前访问，而且不能后退，直到最后一个元素。下面请看一个实例：

letters = ['a', 'b', 'c', 'd', 'e']

it = iter(letters)   #创建迭代器。

print(next(it))   #访问下一个元素。

print(next(it))

当我们调用 next（）方法时程序会自动返回下一个元素。运行程序，我们将看到以下输出结果：

a

b

如果已经访问完所有的元素，再次进行访问，程序会报错：

StopIteration

对于迭代器对象，我们也可以使用 for 循环来进行遍历，例如以下代码：

```
letters = ['a', 'b', 'c', 'd', 'e']
it = iter(letters)        ♯创建迭代器。
for letter in it:
    print(letter)        ♯访问下一个元素。
```

运行程序，我们将看到以下结果：

a

b

c

d

e

这个用法和列表、元组等是一样的。既然 next（）可以自动访问下一个元素，我们也可以直接用 next（）实现。这里我们使用 while 循环来实现，我们通过捕捉 StopIteration 错误来结束循环。请看代码：

```
letters = ['a', 'b', 'c', 'd', 'e']
it = iter(letters)        ♯创建迭代器。
while True:
try:
    print(next(it))
except StopIteration:
    break
```

运行程序，我们将得到和使用 for 循环时一样的结果。

字符串、列表和元组等都是 Python 内置的类，我们可以用它们创建迭代器。同样地，我们也可以自己创建一个类作为迭代器使用。要把一个类作为迭代器使用，需要自己实现两个方法：＿iter＿（）和 next（）方法。读者们可能注意到了，这两个方法以双下划线开头，同时以双下划线结尾，这就是我们在类那一节提到的类的特殊方法。＿iter＿（）和 iter（）一样，用于创建迭代器对象；＿next＿（）和 next（）一样，返回迭代器对象中的下一个元素。接下来举一个实例说明创建过程：

```
class iterTest:
    def __iter__(self):
        self. element = 1
        print('Creating iterator...')
        return self


    def __next__(self):
```

```
            self. element + = 1
            print('Accessing next element...')
            return self. element
```

实现类的 __ iter __ () 和 __ next __ () 方法后就可以用于创建迭代器对象了。和前面的例子一样，要使用类，首先要创建类的实例：

```
myIterTest = iterTest( )
```

然后我们创建迭代器对象，程序会自动调用类的 __ iter __ () 方法：

```
it = iter(myIterTest)
```

我们先采用直接访问的方法调用 next() 方法，next() 方法会自动调用类的 __ next __ () 方法：

```
print(next(it))
print(next(it))
```

运行程序，我们将看到以下结果：

```
Creating iterator...
Accessing next element...
2
Accessing next element...
3
```

然后我们再尝试使用 while 循环的方法访问迭代器对象：

```
while True:
    try:
        print(next(it))
    except StopIteration:
        break
```

运行程序后，我们会发现程序进入了无限循环状态。这是因为我们在创建类时并没有加入结束条件，所有程序会一直访问下去也不会报错。为了防止这个情况发生，我们可以在创建类时加入结束条件，具体代码如下：

```
class iterTest:
    def __iter__(self):
        self. element = 1
        print('Creating iterator...')
        return self


    def __next__(self):
        if self. element < 10:       #设置迭代条件,避免无限循环。
            self. element + = 1
            print('Accessing next element...')
            return self. element
        else:
            raise StopIteration
```

此时我们再使用 while 循环进行访问就不会进入无限循环了：

```
myIterTest = iterTest( )
```

```
it = iter(myIterTest)

while True:
    try:
        print(next(it))
    except StopIteration:
        break
```
程序运行结果为：

Creating iterator...

Accessing next element...

2

Accessing next element...

3

Accessing next element...

4

Accessing next element...

5

Accessing next element...

6

Accessing next element...

7

Accessing next element...

8

Accessing next element...

9

Accessing next element...

10

12.5 生成器

我们可以使用迭代器迭代访问集合中的元素。在迭代之前，我们需要创建一个迭代器对象。如果这个对象有很多个元素，就会占用很大的内存。假如我们只需要访问集合前面几个元素或者一个时间内只访问一个元素，并且列表元素可以按照某种算法推算出来，那么我们可以使用生成器来获得庞大的数据，同时又占用很少的空间。在循环的同时计算列表元素的机制称为生成器（generator）。

要创建生成器，我们可以按照列表生成式的语法，将［］改为（）来创建生成器：

gen = (i for i in range(10))

我们打印看一下：

print(gen)

运行程序，显示结果为：

＜generator object ＜genexpr＞ at 0x0000015CA72382B0＞

显示的是 gen 的地址，而不是我们想要的数值。这是因为生成器是一个生成算法，本身并没有存储元素的值。要访问生成器的元素，我们需要使用 next() 方法。next() 方法每次计算下一个元素的值，直到计算出最后一个元素，如果没有更多的元素时，会抛出 StopIteration 的错误：

```
print(next(gen))
print(next(gen))
print(next(gen))
print(next(gen))
```

显示结果为：

```
0
1
2
3
```

我们可以与列表做个对比，看如下结果：

```
list = [i for i in range(10)]
print(list)
```

此时程序输出结果为：

```
[0,1,2,3,4,5,6,7,8,9]
```

列表保存的是元素的集合，生成器保存的是算法，生成器其实也是迭代器的一种。

另外，我们也可以使用 yield 关键字来创建生成器。在 Python 中，yield 的作用就是把一个函数变成一个生成器，带有 yield 的函数不再是一个普通函数，Python 解释器会将其视为一个生成器。

我们先创建一个函数：

```
def func(max):
    idx = 0
    list = []
    while idx < max:
        list.append(idx)
        idx += 1
    return list
```

该函数创建并返回一个 list。我们通过一个循环来访问它：

```
for x in func(5):
    print(x)
```

程序运行结果为：

```
0
1
2
3
4
```

如果我们在函数中加入 yield，就可以把函数变成生成器。请看 yield 用法：

```
def gen(max):
```

```
        idx = 0
        while idx < max:
            yield idx
            idx + = 1
```
我们使用循环来访问这个生成器：
```
for x in gen(5):
    print(x)
```
得到的结果和前面 func（5）的结果是一样的：
```
0
1
2
3
4
```
当我们调用 gen(5) 时，程序不会立即执行 gen 函数的代码，但是会返回一个可迭代的对象。gen 函数内部代码将在 for 循环时执行，在执行"yield idx"代码时，gen 函数将返回 idx 的值。在执行下一次循环时，代码从"yield idx"的后一条代码继续执行，同样遇到 yield 时停止。

使用生成器后代码更加简洁，更重要的是，它可以迭代生成下一个元素，极大地减少了内存占用。

下面我们举一个利用生成器读取文件的例子。一般人们在读取文件时，通常都不会一次性全部读取，因为这会导致不可预知的内存占用。我们可以使用生成器的方法建立缓冲区，迭代读取文件中的数据。首先我们创建一个保存了 1～255 数字的文本文件，代码如下：
```
import os            #①
txt = open('numbers. txt','w')        #②
for i in range(1,255):        #③
    txt. write(str(i))        #④
txt. close()        #⑤
```
我们逐行解释一下：①导入需的库，处理文件需要用到 os 库；②创建文本文件，'w'参数表示写入，如果文件不存在就创建这个文件，否则覆盖原文件；③创建 for 循环；④写入数字；⑤写完文件后要关闭这个文件，否则不能保存写入的内容。

保存的文本文件内容如图 12-1 所示。

接下来我们使用生成器读取这个文件。我们设置每次读取 10 个字节。代码如下：
```
import os
def readGen(filePath):
    bufferSize = 10
    with open(filePath,'rb')as f:       # 打开文件。
        while True:
            buffer = f. read(bufferSize)
            if buffer:      #如果 buffer 不为空就返回该值。
                yield buffer
            else:      #否则退出程序。
                return
```

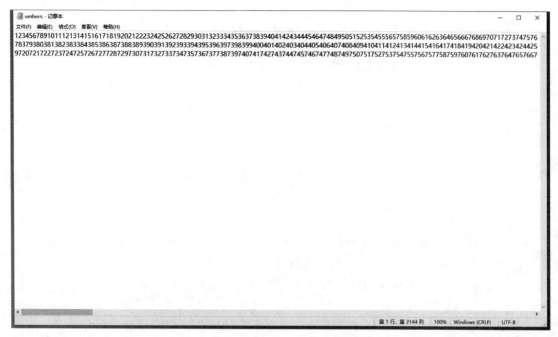

图 12-1　保存的文本文件内容

我们使用 next() 方法来访问这个生成器：

rd = readGen('numbers. txt')

print(next(rd))

print(next(rd))

print(next(rd))

运行结果如下：

1234567891

0111213141

5161718192

0212223242

5262728293

0313233343

第13章 查找与排序

13.1 查找案例

查找（Searching）就是根据给定的某个条件，在一个已知的集合中找出符合这个条件的数据元素。

（1）基本概念

① 查找表（Search Table）：查找表是一个集合，且集合里为同一类型的数据元素。

② 关键字（Key）：也被称为键值，数据元素中某项的值。

③ 主键（Primary Key）：能唯一标识某个数据元素的关键字。

（2）查找表按照操作方式分类

① 静态查找表（Static Search Table） 本身不会被修改、只进行查找操作的表。它的主要操作就是查询，查询表中是否含有某一元素或查询某元素的各种属性。

② 动态查找表（Dynamic Search Table） 在查找时不仅会进行查询操作，还会被修改的表。例如在查找时删除数据、插入数据。

13.1.1 简单的查找问题

如果我们要查找一个元素在列表中的位置，我们可以形式化地定义为：

```
def search(x,list_):
    # To do
    # return the index of x in list_
```

例如：

```
search(2,[1,6,8,2,3])
```

程序返回要查找的元素 2 在提供的列表中的位置，结果为 3。

Python 提供了一组内建与查找相关的方法。Python 的 in 运算符作为 list 类中名为 __contains__() 的一个方法而实现。该方法用于在列表（任意排列的项）中搜索一个特定的项（叫做目标项）。如果在列表中搜索到该特定的项，程序返回 True，否则返回 False。请看如下例子：

```
list1 = [10,20,30,40,50]
if 30 in list1:
    print('Yes')
else:
    print('No')
if 100 in list1:
    print('Yes')
else:
```

```
print('No')
```

显然，运行该程序，屏幕上将依次显示 Yes、No。

如果不仅要判断元素在不在给定的列表中，还要知道该元素在列表中的位置即索引值，我们可以使用 index() 方法，用法如下：

```
list1 = [10,20,30,40,50]
idx = list1.index(30)
print(idx)
```

屏幕上将显示：2。

如果列表中不存在我们要查找的元素，结果又是怎样呢？

```
list1 = [10,20,30,40,50]
idx = list1.index(5)
print(idx)
```

运行程序，我们会发现抛出了一个异常。因为 index() 方法只能查找列表中已有的元素。前面我们定义了 search() 函数，我们可以利用 index() 方法来完善它：

```
def search(x,list_):
    try:
        return list_.index(x)
    except:
        return -1
```

然后我们可以直接调用 search() 方法在列表中查找任何元素，而且程序不会再抛出异常：

```
print(search(50,[10,20,30,40,50]))
print(search(100,[10,20,30,40,50]))
```

第一个 print 操作后将显示：4，第二个 print 操作后将显示：−1。

利用 search() 函数，我们就可以在列表中搜索某个元素了。那么问题来了，Python 是如何做到的呢？我们将在接下来的章节中讲述。

13.1.2 策略 1：线性查找

线性查找（linear search）是最简单、最直接的查找方法，其实就是从列表的第一个元素开始，逐个与我们要查找的元素比较，如果相等，则返回 True 或者该项索引值；否则继续与列表中的下一个元素比较，直到列表末尾。

下面我们自己来实现一下线性查找的方法：

```
def search(x,list_):
    for idx in range(len(list_)):
        if x == list_[idx]:      #比较当前元素是否为所查找的元素。
            return idx      #如果是,就返回该元素索引。
    return -1      #如果遍历列表后都没有查找到,就返回-1表示未查找到。
```

我们用前面的例子测试一下：

```
print(search(50,[10,20,30,40,50]))
print(search(100,[10,20,30,40,50]))
```

同样地，程序将返回 4 和 —1。

线性查找效率低，适合用于数据规模较小和无序的列表查找。

13.1.3 策略 2：二分查找

如果查找表中的元素是排序好的，我们可以使用二分法来进行更加高效的查找。二分查找（binary search）就是在查找过程中不断将查找表的中间元素与要查找的元素进行比较，每次比较都将查询范围缩小一半。

例如有一数列，按从小到大的顺序排列，现在我们要查找某个元素在数列中的位置，我们可以采用二分查找法来查找。首先我们将查找值与数列的中间元素比较，如果查找值与中间元素相等，这是最理想的情况，一次就找到了查找值。如果查找值小于中间元素，我们保留查找表的前半部分作为新的查找表；否则保留查找表的后半部分作为新的查找表。接着我们继续将查找值与新查找表的中间元素进行比较，以此类推，直到我们找到查找值或找尽所有元素为止。

现在，我们自己用 Python 来实现二分查找算法：

```
def search(x,list_):
    start = 0
    end = len(list_)-1    #设定开始和结束搜索位置。
    while start < = end:    #设定循环条件。
        middle = (start + end)//2    #计算查找区间的中间位置。
        y = list_[middle]
        if x = = y:    #与中间元素进行比较。
            return middle
        elif x < y:
            end = middle -1
        else:
            start = middle + 1
    return -1
```

然后我们测试一下：

```
print(search(20,[10,20,30,40,50,60,70,80,90,100]))
print(search(200,[10,20,30,40,50,60,70,80,90,100]))
```

我们将得到如下结果：

```
1
-1
```

大多数情况下，二分查找的效率都要比线性查找高。

13.1.4 策略 3：插值查找

插值查找是根据要查找的元素与查找表中最大、最小元素进行比较后确定查找范围的查找方法。插值查找方法的过程与二分查找方法相似，不同之处在于二分查找的比较值直接选取查找范围内的中间值，而插值查找则是采用插值的方法动态确定比较值的。我们看下插值查找的实现方法：

```
def search(x,list_):
    start = 0
    end = len(list_)-1
    while start <= end:
        middle = start + int((end -start) * (x -list_[start])/(list_[end]-list_[start])).
        #注意此处与二分查找的不同。
        y = list_[middle]
        if x == y:
            return middle
        elif x < y:
            end = middle -1
        else:
            start = middle + 1
    return -1
```

与二分法比较我们会发现，只有 middle 的计算方式不一样，插值查找的计算方式为：

middle = start + int((end -start) * (x -list_[start])/(list_[end]-list_[start]))

这就是插值的来源。同样，我们测试一下：

print(search(20,[10,20,30,40,50,60,70,80,90,100]))

print(search(70,[10,20,30,40,50,60,70,80,90,100]))

运行结果为：

1

6

查找点的自适应选择可以提高插值查找这一系列二分查找方法的效率。

当然，插值查找也属于有序查找。对于比较大的查找表，如果它的数据元素分布比较均匀，那么使用插值查找方法的平均性能要优于使用二分查找。但是如果数据元素分布比较散乱，这样的情况下就不宜使用查找查找和二分查找。

13.2 排序案例

基本的排序问题就是给定一个序列，然后对它进行重新排列，让其所有的元素值都按从小到大或者从大到小的顺序排列。

13.2.1 选择排序

选择排序（selection sort）是一种简单直观的排序算法，原理是多次遍历未排序的集合，每一次遍历先从集合中选出最小（或最大）的一个元素，存放在已排好序的序列末尾，然后在剩下未排序的数据元素组成的集合中重复这个过程，直到整个数据集合中的元素都是有序的。选择排序实现算法如下：

```
def selectionSort(list_):
    for i in range(0,len(list_)-1):
        min_ = i
        for j in range(i + 1,len(list_)):
```

```
            if list_[j] < list_[min_]:        #每个内循环负责搜索剩余项中的最小值。
                min_ = j
        list_[i],list_[min_] = list_[min_],list_[i]        #将最小值存储在正确的位置。
    return list_
```

我们对上述程序进行测试：

```
newList = selectionSort([1,3,9,7,6,12,8])
print(newList)
```

程序输出为：

```
[1,3,6,7,8,9,12]
```

13. 2. 2　归并排序

归并排序（merging sort）也叫合并排序，是建立在归并操作上的一种有效的排序算法，该算法采用了分治法的思想，通过将已经排好序的子序列合并，得到完全有序的整个序列，也就是先对每个子序列进行排序，然后再将单个子序列作为整体进行排序。将两个有序序列合并成一个有序序列的操作称为归并。如果是将两个有序序列合并成一个有序序列，则称为二路归并。

现在我们有一个序列要进行排序，如果使用归并排序，我们先将序列每相邻两个数字进行归并操作，形成若干个子序列，排序后每个序列包含两个元素；将上述序列按两两相邻再次归并，形成新的子序列，每个序列包含四个元素；重复之前的步骤，直到所有元素排序完毕。归并排序程序如下：

```
def mergeSort(lists):
    if len(lists)<= 1:
        return lists
    num = int(len(lists)/2)        #将整个列表一分为二。
    left = mergeSort(lists[:num])
    right = mergeSort(lists[num:])        #分别对每个部分单独进行归并排序。
    return merge(left,right)        #对排序好的两个部分进行合并,由于每个部分已经各自
                                    #有序,所以合并非常简单。


def merge(left,right):
    r,f = 0,0
    result = []
    while f < len(left)and r < len(right):
        if left[f] < right[r]:
            result. append(left[f])
            f + = 1
        else:
            result. append(right[r])
            r + = 1
    result + = list(left[f:])
    result + = list(right[r:])
```

```
      return result
```
我们对它进行测试：

```
newList = mergeSort([1,3,9,7,6,12,8,15,13])
print(newList)
```
程序输出为：

```
[1,3,6,7,8,9,12,13,15]
```

13.2.3 插入排序

插入排序就是将一个新的元素插入到已经排好序的数组中，并且保证其位置正确，这样就得到了一个新的、排好序的数组。将一个数组的元素依次插入到已经排好序的子序列中，就可以实现对整个数组的排序。以下代码是插入排序的 Python 实现：

```
def insertSort(list_):
    for i in range(1,len(list_)):
        if list_[i-1]>list_[i]:       #判断相邻元素是否有序。
            tmp = list_[i]            #先保存起始位置的元素。
            j = i-1
            while j>=0 and list_[j]>tmp:    #注意此处两条件的顺序不能变,思考为
                                            #什么?
                list_[j+1]=list_[j]         #将大的元素往后移。
                j-=1
            list_[j+1]=tmp         #确定起始元素的最终位置。
    return list_
```
我们对上述程序进行测试：

```
newList = insertSort([1,3,9,7,6,12,8])
print(newList)
```
程序输出为：

```
[1,3,6,7,8,9,12]
```

13.2.4 快速排序

快速排序本质上是对冒泡排序的改进，也被誉为 20 世纪十大算法之一。它的基本原理是每次把要排序的数组分割成两部分，使得其中一部分的元素都比另一部分的元素小（大），然后用同样的方式继续分别对这两个部分进行排序，直到要排序的整个数组都是有序的。

快速排序的代码分为两部分：调用接口和算法主体部分。我们先来看一下调用接口部分的代码：

```
def quickSort(list_,begin,end):
    if begin<end:
        middle = partition(list_,begin,end)    #确定分割位置。
        quickSort(list_,begin,middle-1)        #对两个子数组进行排序。
        quickSort(list_,middle+1,end)
```
这个部分主要是将数组分成两部分，partition 函数用来计算分割位置，也是算法主体部分，代码如下：

```
def partition(list_,begin,end):
    tmp = list_[begin]        #选择第一个元素作为基准值。
    while begin<end:
        while begin<end and list_[end]> = tmp:        #先找比基准值大的部分。
            end- = 1
        list_[begin],list_[end] = list_[end],list_[begin]        #交换无序的元素。
        while begin<end and list_[begin]< = tmp:        #接着找比基准值小的部分。
            begin + = 1
        list_[begin],list_[end] = list_[end],list_[begin]        #交换无序的元素。
    return begin
```

partition 函数通过与基准值进行比较，将数组分割成两部分，一部分比基准值小，一部分比基准值大，每一部分之间可能是无序的。经过不断地对子数组进行分割，最终实现排序的目的。

我们对上述程序进行测试：

```
newList =[1,3,9,7,6,12,8]
quickSort(newList,0,len(newList)-1)
print(newList)
```

程序输出为：

```
[1,3,6,7,8,9,12]
```

> ◉ 注意
>
> 本节中的函数与前两节不同，并没有返回值，这是因为 Python 的列表是引用类型。读者可以自行修改本章其他程序，体会引用类型的用法。

13.2.5　冒泡排序

冒泡排序是一种需要交换元素的排序方法，其原理是通过两两比较相邻的元素，如果其顺序符合要求，则保持相对位置不变，否则交换这两个元素。

以增序排序为例，从最后一个元素反向开始遍历数组，如果两个相邻元素中，前面的元素小于后面的元素，说明它们是有序的，只需保持它们的位置不变；相反，交换这两个元素，一直遍历到第一个元素。第二次遍历还是从最后一个元素开始，但是会在第二个元素处结束，依此类推，直到所有元素都是有序的。每一次反向遍历数组的时候，我们都找到了无序部分的最小值，并且将该元素排到了无序部分的最前面，也就是有序部分的末尾。最小元素每次被排到了最前面，类似于冒泡一样，所以该算法得名为冒泡排序。

下面我们用 Python 语言实现以下这个算法。

```
def bubbleSort(list_):
    for i in range(len(list_)):        #每一次遍历的结束位置。
        for j in range(len(list_)-1,i,-1):        #反向遍历,注意此处的循环边界。
            if list_[j-1]>list_[j]:        #判断相邻元素是否有序。
                list_[j-1],list_[j] = list_[j],list_[j-1]
    return list_
```

我们对上述程序进行测试：

```
newList = bubbleSort([1,3,9,7,6,12,8])
print(newList)
```

程序输出为：

```
[1,3,6,7,8,9,12]
```

第3篇

Python科学计算与数据可视化

第14章 Python科学计算库

NumPy 可以用来进行许多矩阵和向量计算，它是 Python 语言里的一个程序库，是一个可以提供大量数学计算的函数库。NumPy 是许多协作者一同努力的结果，在其中加入了大量具有特色的功能和函数，最终扩展而开发了 NumPy。

14.1 NumPy 简介

NumPy 是 Python 语言在进行计算的时候所依赖的重要基础模块。NumPy 是 Python 里面可以提供多维对象的一个基本库，而且还衍生出了其他多种多样的对象和大量的用来加快计算的方法函数，其中包含数学计算、线性代数、统计运算、逻辑运算、随机模拟计算、排序计算等。

14.1.1 NumPy 的应用

NumPy 的核心是数组（arrays），尤其是多维数组（ndarrays）。程序员可以通过 NumPy 使用向量、数学矩阵以及用 C 语言实现的函数。

通过 NumPy 提供的库函数和操作，程序员可以轻松地完成以下任务的数值运算。

① 机器学习模型：机器学习模型和算法需要对矩阵进行各种运算，如矩阵加减法、乘法、换位等。NumPy 的编写和使用简单、计算速度快，如可以使用 NumPy 数组存储训练数据和机器学习模型参数。

② 数字图像处理：图像在计算机中多以多维数组的形式存储。为了使图像处理的方便和快速，NumPy 提供了丰富的库函数，如镜像图像、按特定角度旋转图像等。

③ 数学任务：NumPy 提供各种数学任务的高效函数，如数值积分、微分、内插、外推等。

因此，当涉及有关的数学任务时，它形成了一种基于 Python 的数字计算，可以替代 Matlab。

NumPy 的核心是 ndarray 对象，它封装了 Python 标准的同数据类型的 n 维数组，为了保证其代码运行效率，许多操作都是经过本地编译后执行。

NumPy 数组 和 标准 Python 数组有若干区别。

① Python 的标准数组对象可以动态增长，但 NumPy 数组在创建时大小固定。更改 ndarray 的大小将在内存中重新开辟地址存储一个新数组并删除原来的数组。

② NumPy 数组的元素有相同数据类型，因此在内存中每个元素所占空间大小相同。但当 Python 的标准数组里包含了 NumPy 对象时，允许有不同大小元素组成的数组类型。

③ NumPy 数组相对而言执行效率更高、代码更简洁，有利于对大数据进行高级数学和其他操作。

④ 许多基于 Python 的科学和数学软件都基于 NumPy 数组。虽然这些软件通常也允许使用 Python 的标准数组，但它们在执行运算之前都会将标准的 Python 数组转换为 NumPy 数组，而且其输出通常为 NumPy 数组。简而言之，为了高效地使用当今绝大部分基于 Python 的科学计算工具，你只知道使用 Python 的原生数组类型是不够的，NumPy 数组如何使用也必须深入了解。

14.1.2 NumPy 有什么功能？

NumPy 是科学计算、机器学习等领域的必备工具，主要用来操作数组和矩阵。如使用 TensorFlow、Pytorch 等框架训练神经网络模型时，需要对矩阵、数组等进行大量复杂的运算，这些高级科学计算工具也都依赖于 NumPy。NumPy 里面的 API. NumPy 还包含了很多数学函数，如线性代数、傅里叶变换、随机数生成等。通常认为 Python 和 NumPy 结合可以实现 Matlab 的功能替换。

NumPy 是一个运行效率非常高的数学库，主要涵盖以下几方面的功能：

① 多维数组对象；

② 广播机制；

③ 集成多种代码工具；

④ 多种数学运算功能。

NumPy 提供的库函数非常强大，程序员可以使用 NumPy 公开的 API 在简单代码中执行复杂计算。建议数学家、数据科学家、大数据应用工程师在熟练掌握 Python 的基础上，深入了解 NumPy。

14.1.3 使用 NumPy 的优势

（1）便捷

由于 NumPy 具有多维数组对象，可以进行高效的矩阵计算，从而可以省去传统数学计算的各种费时的语句操作，比如循环语句，而且相同任务的代码也显得简洁而方便。（这对代码执行效率的提升特别重要），其包含的数学函数也能让代码开发的工作效率更高。

（2）性能优越

NumPy 中的数组具有更好的输入输出性能，而且存储效率更高。性能的提升和多维数组成比例，尤其是对于规模庞大的数学计算，NumPy 的性能优势更加明显。

（3）高效

NumPy 的大部分代码都是用 C 语言编写完成，这使得 NumPy 弥补了 Python 这类解释型语言执行效率低的问题。NumPy 的缺点在于内存大小限制了其对大文件的处理，而且对于科学的数学计算等领域，NumPy 拥有极大的领先优势，但是在这之外的领域，NumPy 的通用性不如 Python 语言，优势也就不那么明显了。具体说来：

① NumPy 提供了很多进行复杂运算的函数，可以通过简单的代码对数组和矩阵进行复杂运算，比使用 Python 实现效率更高；

② NumPy 核心算法经过了长期和大量的验证，性能非常稳定；

③ NumPy 的核心算法都由 C 语言实现，其执行效率比 Python 代码更高；

④ NumPy 扩展性好，易于集成到其他语言中，如 Java、C♯、JavaScript；

⑤ NumPy 代码开源、免费、有广泛的程序爱好者支持。

14.1.4 NumPy 开发环境

NumPy 的官网链接为 http://www.numpy.org/。

（1）源码安装

源码可以从 git 获取：

git clone git://github.com/numpy/numpy.git numpy

python setup.py build

sudo python setup.py install --prefix=/usr/local

（2）Anaconda 安装

建议通过 Anaconda 安装，Anaconda 是一个免费 Python 发行包且自带丰富的科学计算库。它支持 Linux、Windows 和 Mac，其中包含绝大部分常用 Python 工具包。

Anaconda 官网：https://www.anaconda.com/download/

使用清华镜像可以加速下载，避免链接超时：

https://mirrors.tuna.tsinghua.edu.cn/anaconda/archive/

（3）pip 安装

大多数 Python 开源项目的程序员都会将自己的资源包上传到 Python Package 包的管理库中。可以使用 Python 的 pip 包管理器安装在大多数操作系统上，此时需要安装 Python 和 pip。

可以通过以下命令来安装软件包：

```
> pip install numpy
```

读者可以在 pip 命令后使用--user 参数来指定用户进行安装，运行命令后 pip 会为你的本地用户安装软件包，不会写入系统目录。

14.2 数组的索引

14.2.1 基本索引

NumPy 数组的索引内容非常丰富，选取数据子集或数组元素的方式有很多。一维数组跟 Python 列表（list）的功能差不多：

```
arr = np.arange(9)
print (arr)
```

```
print (arr[5])        #arr 的第 6 个元素。
print (arr[5:7])        #arr 的第 6～7 个元素,[5:7]左闭右开。
arr[5:7] = 10
print (arr)
```
输出结果为:
```
[0 1 2 3 4 5 6 7 8]
5
[5 6]
[ 0 1 2 3 4 10 10 7 8 ]
```
如上所示,把一个标量赋值给一个切片时,这个值会自动复制到整个选区,任何修改操作都会出现在原数组。

可以通过以下代码创建一个 arr 的切片:
```
arr_sli = arr[5:7]
print (arr_sli)
```
输出结果为:
```
[10 10]
```
由于变量 arr 和 arr _ sli 共用一部分内存区块,改变 arr _ sli 中的值,变动也会体现在原始数组 arr 中:
```
arr_sli[1] = 12345
print (arr)
```
输出结果为:
```
[0 1 2 3 4 10 12345 7 8]
```
使用 ":" 作为切片的索引,会给数组中的所有值赋值:
```
arr_sli[:] = 64
print (arr)
```
输出结果为:
```
[ 0  1  2  3  4 64 64 7  8 ]
```
由于 NumPy 被设计用于处理大数据,所以 NumPy 默认赋值变量使用同一内存区块,从而避免大数据复制过程中产生的性能和内存问题。

◎ 注意

   如果需要从内存中重新开辟内存复制并存储数据需使用 deepcopy( ) 或 copy( ) 方法,例如 arr[5,7]. copy()。

对于高维度数组,索引位置上的元素不再是标量而是一维数组:
```
arr_hd = np. array([[11,12,13],[14,15,16],[7,8,9]])
print(arr_hd[2])
```
输出结果为:
```
[7 8 9]
```
注意,下面两种访问方式形式上有区别,但是是等价的:
```
print (arr_hd[0][2])
```

print (arr_hd[0,2])

输出结果为：

13

13

二维数组的索引方式如图 14-1 所示。轴 0 作为行，轴 1 作为列。

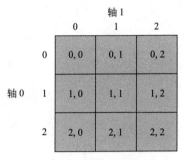

图 14-1　二维数组的索引方式

多维数组省略了后面的索引后，返回一个低维度的 ndarray：

3d_arr = np. array([[[3,2,1],[4,5,6]],[[7,8,9],[10,11,12]]])

print(3d_arr)

输出结果为：

```
[[[ 3  2  1]
  [ 4  5  6]]

 [[ 7  8  9]
  [10 11 12]]]
```

3d_arr[0] 是一个 2×3 数组：

print(3d_arr[0])

输出结果为：

```
[[3 2 1]
 [4 5 6]]
```

可以通过数组和标量对 3d_arr[0] 进行赋值：

arr_value = 3d_arr[0]. copy( )　　♯将 3d_arr[0]的数据进行备份。

3d_arr[0] = 20　　♯修改 3d_arr[0]的值为 20。

print(3d_arr)

print('= = = = = = = = = =分割线 = = = = = = = = = = = =')

3d_arr[0] = arr_value

print(3d_arr)

输出结果为：

```
[[[20 20 20]
  [20 20 20]]

 [[ 7  8  9]
  [10 11 12]]]
```

= = = = = = = = = = =分割线 = = = = = = = = = = = =

```
[[[ 3   2   1]
  [ 4   5   6]]


 [[ 7   8   9]
  [10 11 12]]]
```

通过 3d_arr[1，0] 访问索引以（1，0）开头的值如下：

```
print (3d_arr[1,0])
print('= = = = = = = = = = = 分割线 = = = = = = = = = = = = =')
x = 3d_arr[1]
print (x)
print (x[0])
```

输出结果为：

```
[7 8 9]
 = = = = = = = = = = = 分割线 = = = = = = = = = = =
[[ 7   8   9]
 [10 11 12]]
[7 8 9]
```

虽然是用两步进行索引的，但表达式是相同的。以上例子返回的数组都是视图。

14.2.2 切片索引

ndarray 的切片跟 Python 列表中的一维对象类似：

```
print(arr)
print(arr[1:7])
```

输出结果为：

```
[ 0   1   2   3   4 12 12 12   8   9]
[ 1   2   3   4 12 12]
```

和二维数组相比，切片方式不同：

```
print(2d_arr)
print('= = = = = = = = = = = 分割线 = = = = = = = = = = = = =')
print(2d_arr[:2])
```

输出结果为：

```
[[11 12 13]
 [14 15 16]
 [ 7 8 9]]
 = = = = = = = = = = = 分割线 = = = = = = = = = = =
[[11 12 13]
 [14 15 16]]
```

所以说，切片其实是沿着一个方向进行元素的选取的。表达式 2d_arr[：2] 可以被认为是"选取 2d_arr 的前两行"。也可以给数组一次传入多个切片，就像传入多个索引那样：

```
print(2d_arr[:2,1:])
```

输出结果为：

```
[[12 13]
 [15 16]]
```

整数索引和切片混合后使用，可以输出低维度的切片。例如，选取第二行的后两列：

```
print(arr2d[1,1:3])
```

输出结果为：

```
[15 16]
```

相似地，还可以选择第三列的后两行：

```
print(arr2d[1:3,2])
```

输出结果为：

```
[16 9]
print(2d_arr[:,:1])
```

输出结果为：

```
[[11]
 [14]
 [7]]
```

对切片的赋值同样也是传递到整个选区。

14.2.3 布尔型索引

我们常用布尔型的索引来确认在数组中哪些位置含有我们想查找的变量。首先，有一个用于存储数据的数组以及一个存储姓名的数组，并且生成一些正态分布的随机数据：

```
mingdan = np. array(['Tom','Jane','Wed','Tom','Wed','Jane','Jane'])
xingming = np. random. randn(7,4)
print(mingdan)
print(xingming)
```

输出结果为：

```
['Tom' 'Jane' 'Wed' 'Tom' 'Wed' 'Jane' 'Jane']
```

对 mingdan 和字符串 'Tom' 的比较运算将会产生一个布尔型数组，选出 'Tom' 所对应的行：

```
print(mingdan = = 'Tom')
```

输出结果为：

```
[ True False False True False False False]
```

14.2.4 花式索引

花式索引是一种运用整数数组进行索引的方式，下面有一个 6 行 4 列的数组：

```
arr = np. empty((6,4))
for i in range(6):
arr[i] = i + 1
print(arr)
```

输出结果为：

```
[[1.  1.  1.  1. ]
 [2.  2.  2.  2. ]
```

```
[3.  3.  3.  3. ]
[4.  4.  4.  4. ]
[5.  5.  5.  5. ]
[6.  6.  6.  6. ]]
```
传入一个用于指定顺序的整数列表：

print(arr[[3,1,0,5]])

输出结果为：
```
[[4.  4.  4.  4. ]
 [2.  2.  2.  2. ]
 [1.  1.  1.  1. ]
 [6.  6.  6.  6. ]]
```
负数索引从末尾开始选取行：

print(arr[[-3,-5,-6]])

输出结果为：
```
[[4.  4.  4.  4. ]
 [2.  2.  2.  2. ]
 [1.  1.  1.  1. ]]
```
传入多个索引数组返回的是一个一维数组，其中的元素对应各个索引数组：

arr = np. arange(28). reshape((7,4))

print(arr)

print(arr[[0,1,2,3],[0,3,1,2]])   ♯0,1,2,3 表示所选行；0,3,1,2 为所选列。

输出结果为：
```
[[ 0   1   2   3 ]
 [ 4   5   6   7 ]
 [ 8   9  10  11 ]
 [12  13  14  15 ]
 [16  17  18  19 ]
 [20  21  22  23 ]
 [24  25  26  27 ]]
[0  7  9  14]
```
要着重强调的是，花式索引会把数据复制到一个新的数组中。

14.3 数组的计算：广播

用 NumPy 进行数组的数学运算时，当两个数组的维度不同时，会出发 NumPy 的广播机制，让维度较小的数组广播到维度较大的数组的大小，所以了解 NumPy 的广播机制，才能正确的运用 NumPy 进行数值运算。

如果进行广播，将符合以下规则进行。

① 在维度较小的数组前面增加长度为 1 的数组，使两个数组维度相同。

② 输出数组的每个维度的长度为两个数组各维度的最大值。

③ 进行运算的输入各维度的长度大小匹配或者为 1，则可以进行运算。

④ 长度为 1 的维度，其维度中包含的数据将用于对应数组该维度下所有数值的数值运算。

通过对上述规则的总结，只要满足如下条件就可以对数组进行广播操作。

① 执行运算的数值有相同的形状。

② 数组的各维度长度相同，如果不同则至少有一个输入的的长度为 1。

③ 当数组维度不同时，可在前追加长度为 1 的维度，使其满足上述条件。

广播的例子如下所示。

```
import numpy as np
m = np. array([[1.0,1.0,1.0],[10.0,10.0,10.0],[20.0,20.0,20.0]])
n = np. array([5.0,6.0,7.0])
print ('第一个数组:')
print (m)
print ('\n 第二个数组:')
print (n)
print ('\n 第一个数组加第二个数组:')
print (m + n)
```

输出结果为：

第一个数组：

```
[[ 1.    1.    1. ]
 [ 10.   10.   10. ]
 [ 20.   20.   20. ]]
```

第二个数组：

```
[ 5.    6.    7. ]
```

第一个数组加第二个数组：

```
[[ 6.    7.    8. ]
 [ 15.   16.   17. ]
 [ 25.   26.   27. ]]
```

广播的实际应用：

数组的归一化：

```
import numpy as np
np. random. seed(10)
m = np. random. random((5,3))
print(m)
```

输出结果为：

```
[[0.77132064  0.02075195  0.63364823]
 [0.74880388  0.49850701  0.22479665]
 [0.19806286  0.76053071  0.16911084]
 [0.08833981  0.68535982  0.95339335]
 [0.00394827  0.51219226  0.81262096]]
```

```
m_mean = m. mean(axis = 0)        # 按列聚合求均值。
```

```
print(m_mean)
```
输出结果为：
```
[0.36209509   0.49546835   0.558714]
```
现在通过减去这个均值实现归一化，就利用到了广播：
```
m_centered = m-m_mean
```
```
print(m_centered)
```
输出结果为：
```
[[ 0.40922555   -0.4747164     0.07493423]
 [ 0.38670879    0.00303866   -0.33391736]
 [-0.16403223    0.26506236   -0.38960317]
 [-0.27375528    0.18989147    0.39467934]
 [-0.35814683    0.01672391    0.25390696]]
```
通过看归一化数组的均值是否接近于 0 判断归一化是否正确：
```
print(x_centered.mean(axis = 0))        #很接近 0。
```
输出结果为：
```
[-6.66133815e-17   2.22044605e-17   4.44089210e-17]
```

14.4 比较、掩码和布尔逻辑

在数据分析过程中，需要将数组中的元素进行对比或是加以条件判断，NumPy 数组的对比、掩码与布尔逻辑运算可以解决这些问题。本节介绍如何使用布尔掩码等操作来检查和操作 NumPy 数组中元素的值。布尔掩码可以根据某些逻辑标准提取、修改、计算或操纵数组中元素的值。如筛选大于某个值的所有值，或者删除高于某个阈值的元素。

14.4.1 和通用函数类似的比较操作

除了加减乘除这些运算以外，NumPy 还实现了六种标准运算，相应地，存在六种标准的比较操作符。六种操作符：<（小于）、>（大于）、! =（不等于）、= =（等于）、< =（小于或等于）、> =（大于或等于）。

接下来给出一个操作示例：
```
x = np. array([5,6,7,18,19])
```
```
print(x<10)
```
输出结果为：
```
[True  True  True  False  False]
```
当然，这些操作符可以应用于任何大小和形状的数组运算当中。

14.4.2 操作布尔数组

统计记录的个数的方法如下。

首先定义：
```
rng = np. random. RandomState(0)
```

```
a = rng. randint(10, size = (3, 4))
print(a)
```
输出结果为：

```
[[5 0 3 3]
 [7 9 3 5]
 [2 4 7 6]]
```

可以使用 np. count _ nonzero() 统计布尔数组中 True 记录的个数。

```
np. count_nonzero(a<5)
```

输出：6

也可以借助于 sum() 函数实现，此方法会统计 True 的个数并进行输出。

```
np. sum(a<7)
```

输出：9

使用 sum() 函数实现的优势是其比较灵活，可以指定不同维度进行单独统计。

```
np. sum(a<7, axis = 0)        #按列聚合。
```

输出：[2 2 2 3]

当只需要检测所有值是否都为 True 时，可以使用 np. all() 和 np. any() 函数。

```
#判断有没有值大于 5。
np. any(a>5)
```

输出：True

```
#判断是否所有值均小于 12。
np. all(a<12)
```

输出：True

```
#是否所有值均等于 5。
np. all(a = = 5)
```

输出：False

np. all() 和 np. any() 方法和 np. sum() 方法一样，都可以指定维度进行统计计算。

如需组合逐位组合以上的各种逻辑操作，这时可以使用逐位运算符，逐位运算符包括 &、|、^、~。

当需统计 a 中大于 2 且小于 6 的元素个数时，可使用如下方式：

```
np. sum((a>2)&(a<6))
```

输出：6

```
#统计小于 2 或者大于 6 的元素的个数。
np. sum((a<2)|(a>6))
```

输出：4

14. 4. 3　布尔数组作为掩码

除逐位逻辑运算外，还可以将某个布尔数组看成掩码对数据进行操作，这些操作符可以应用在任何大小和形状的数组运算当中。

```
#选出数组中小于 6 的数据。
a[a<6]
```

输出结果为：

[5 0 3 3 3 5 2 4]

我们来详细分析一下这段代码，首先是括号里的操作 a<6：

z = a<6

输出结果为：

[[True True True False]

 [False False True True]

 [True True False False]]

a[z]

输出结果为：

[5 0 3 3 3 5 2 4]

因此输出的是 True 所对应位的值。

◉ 小贴士

逐位运算符 & 、 | 和 and、or 的区别在于，and 和 or 是对整个对象执行运算，而逐位运算符，顾名思义，是对对象逐位进行运算。

14.5 数组的排序

NumPy 中给我们提供了一些常用的排序算法，这些算法各有其特点，其运算速度和最坏情况各不相同，在表 14-1 中，将进行详细比较。

表 14-1　排序算法性能对比

算法	平均情况	最坏情况	存储空间	稳定性
快速排序	O(n * log(n))	O(n * n)	O(n * log(n))	否
归并排序	O(n * log(n))	O(n * log(n))	O(n)	是
堆排序	O(n * log(n))	O(n * log(n))	O(1)	否

NumPy 中提供了 sort（a，axis，king，order）方法作为排序函数，其参数说明如下：

a:待排序数组；

axis:指定排序的维度；

kind:指定排序使用的算法(默认为'quicksort')；

order:指定需要排序的字段.

示例：

```
import numpy as np
m = np. array([[4,8],[10,5]])
print('我们的数组是:')
print(m)
print('n')
print('调用 sort()函数:')
print(np. sort(m))
```

```
print('n')
print('沿轴 0 排序:')
print(np. sort(m,axis =   0))
print('n')
#在 sort 函数中排序字段。
dt = np. dtype([('name',   'S10'),('age',   int)])
m = np. array([(" raju" ,21),(" anil" ,25),(" ravi" ,  17),   (" amar" ,27)],dtype = dt)
print('我们的数组是:')
print(m)
print('n')
print('按 name 排序:')
print(np. sort(m,order = 'name'))
```

输出结果为:

我们的数组是:

[[4 8]

 [10 5]]

调用 sort() 函数:

[[4 8]

 [5 10]]

沿轴 0 排序:

[[4 5]

 [10 8]]

我们的数组是:

[(b'raju',21)(b'anil',25)(b'ravi',17)(b'amar',27)]

按 name 排序:

[(b'amar',27)(b'anil',25)(b'raju',21)(b'ravi',17)]

numpy. argsort () 可以通过其 kind 参数指定排序方法(默认使用 quicksort 对数组进行排序)沿着给定的方向进行排序,并返回一个索引数组。

示例:

```
a = np. random. randn(5,3)
print(a)


a. sort(1)
print(a)
```

输出结果为:

[[0. 28297353   0. 1839631   1. 07514973]

 [-0. 11600076   -0. 56696421   0. 4111299]

 [-1. 39690378   0. 70668296   -1. 31238412]

 [1. 28431486   1. 15427668   -0. 54317507]

 [-0. 51319138   -0. 50784751   1. 27134636]]

None

```
[[ 0.1839631    0.28297353   1.07514973]
 [-0.56696421  -0.11600076   0.4111299 ]
 [-1.39690378  -1.31238412   0.70668296]
 [-0.54317507   1.15427668   1.28431486]
 [-0.51319138  -0.50784751   1.27134636]]
import numpy as np

m = np.array([3, 1, 2])
print('我们的数组是:')
print(m)
print('n')
print('对 m 调用 argsort()函数:')
n = np.argsort(m)
print(n)
print('n')
print('以排序后的顺序重构原数组:')
print(m[n])
print('n')
print('使用循环重构原数组:')
for i in n:
    print(m[i])
```
输出结果为：

我们的数组是：

[3 1 2]

对 m 调用 argsort() 函数：

[1 2 0]

以排序后的顺序重构原数组：

[1 2 3]

使用循环重构原数组：

1

2

3

numpy. lexsort（）函数按照键值来对表格中的列进行排序，函数返回值是一个索引数组。下面将通过示例进行说明。

```
import numpy as np
x = ('tree', 'anny', 'road', 'abandon')
y = ('f. t. ', 's. t. ', 's. t. ', 'f. y. ')
z = np.lexsort((y, x))
print(z)
print('\n')
print([x[i] +" ," + y[i]for i in z])
```

输出结果为：

```
[3 1 2 0]
['abandon,f. y. ','anny,s. y. ','road,s. y. ','tree,f. y. ']
```

14.6 结构化数组

当我们在程序中定义一个对象，且该对象包含若干属性，比如创建"城市"，其属性包含了人口、面积、经济总量等信息，这时我们需要用到结构化数组。NumPy 的结构化数组其实就是 ndarrays，其数据类型由一系列命名字段的简单数据类型组成，如表 14-2 所示。

表 14-2 结构化数组

姓名（name）	年龄（age）	体重（wgt）
Tade	10	81.0
Michael	10	96.0

```
x = np. array([('Tade',10,81.0),('Michael',10,96.0)],
      dtype = [('name','U10'),('age','i4'),('wgt','f4')])
print(x)
array([('Tade',10,81.0),('Michael',10,96.0)],
      dtype = [('name','S10'),('age','<i4'),('wgt','<f4')])
```

长度为 2 的一维数组，每个元素为一个结构体，可以通过位置索引访问，也可以使用字段名访问。

```
print(x[0])
('Tade',10,81. )
print(x['name'])
array(['Tade','Michael'],dtype = '<U10')
print(x[['name','age']])
array([('Tade',10),('Michael',10)],dtype = [('name','<U10'),('age','<i4')])
```

结构化数组和 C 语言中的结构体类似，都是为了实现对结构化数据的底层操作。

14. 6. 1 结构化数据类型

在定义数组时数组内所有的数据都为统一数据类型，在结构体数据内，数据类型的定义略有不同。在不同的字段可以有不同的数据类型，在同一字段内的数据都为统一的数据格式。从另外一个视角来看结构化数据类型也可以被认为是一定长度的字节序列。现可以使用 numpy. dtype( ) 函数创建结构化数据类型。有以下 4 种不同的规范形式，其灵活性和简洁性各不相同。

结构化数据类型的创建。

① 元组列表中的每个元组都可按照如下形式进行定义（字段名称、数据类型、形状），其中形状是可选的。字段名是字符串，数据类型定义数据存储格式，形状是定义数组形状的整数元组。

```
print(np. dtype([('x','f8'),('y',np. float64),('z','f8',(4,2))]))
```

输出：[('x','<f8'),('y','<f8'),('z','<f8',(4,2))]

② 逗号分隔数据类型字符串，任何规范的字符串数据类型以逗号分隔开，字段的总元素大小和字节偏移是自动确定的，并且字段名默认为 f0、f1 等。

```
print(np. dtype('i4,f8,S3'))
```

输出：[('f0','<i4'),('f1','<f8'),('f2','S3')]

```
print(np. dtype('2int8,float64,(4,3)float64'))
```

输出：[('f0','i1',(2,)),('f1','<f8'),('f2','<f8',(4,3))]

③ 字段参数数组的字典，见表 14-3。

表 14-3 字段参数数组的字典

names(必需)	formats(必需)	offsets(可选)	itemsize(可选)	aligned(可选)	titles(可选)
字段名	数据类型	字节偏移	字段总字节整数	是否自动偏移布尔值	标题

```
dict_a = np. dtype({'names':['name','age','hgt'],'formats':['U10','i8','f8']})
print(dict_a)
```

输出：[('name','<U10'),('age','<i8'),('hgt','<f8')]

```
print(dict_a. fields)
```

输出：{'name':(dtype('<U10'),0),'age':(dtype('int64'),40),'hgt':(dtype('float64'),48)}

```
print(dict_a. itemsize)
```

输出：56

```
print(np. dtype({'names':['name','age','hgt'],'formats':['U10','i8','f8'],'offsets':[0,10,18]}))
```

输出：{'names':['name','age','hgt'],'formats':['<U10','<i8','<f8'],'offsets':[0,10,18],'itemsize':40}

14.6.2 结构化数组的索引和分配

（1）结构化数组赋值

① 利用原生数组赋值。

```
x = np. array([('Tade',10),('Michael',10)],dtype = [('name','U10'),('age','i4')])
print(x)
```

输出：[('Tade',10),('Michael',10)],dtype = [('name','<U10'),('age','<i4')]

```
x = np. array([('Tade',10),('Michael',10)],dtype = 'U10,i4')
print(x)
```

输出：[('Tade',10),('Michael',10)],dtype = [('f0','<U10'),('f1','<i4')]

② 通过标量赋值。

```
x = np. zeros(3,dtype = 'U2,i8,f8')
print(x)
x[ :] = 1234
print(x)
x[ :] = range(3)
print(x)
```

输出：

```
[('',0,0.)('',0,0.)('',0,0.)]
[('12',1234,1234.)('12',1234,1234.)('12',1234,1234.)]
[('0',0,0.)('1',1,1.)('2',2,2.)]
```

③ 通过已有的结构化数组赋值，也就是说结构体变量之间是可以相互给数组对应位置赋值的。

```
x = np.ones(2,dtype = 'f8,i4')
print(x)
```

输出：[(1.,1)(1.,1)]

```
y = np.zeros(2,dtype = 'i8,S3')
print(y)
```

输出：[(0,b"')(0,b"')]

```
y[:] = x
print(y)
```

输出：[(1,b'1')(1,b'1')]

（2）索引结构化数组

① 访问单个字段，可以通过使用键值索引来访问和修改结构化数组的各字段。

```
a = np.array([(1,3),(2,4)],dtype = [('club','i4'),('bar','f8')])
print(a['club'])
```

输出：[1 2]

```
a['club'] = 10
print(a)
```

输出：[(10,3.)(10,4.)]

```
b = a['bar']
b[:] = 10
print(a)
```

输出：[(10,10.)(10,10.)]

② 通过多个键值列表，可以同时访问多个字段。

```
x = np.ones(3,dtype = [('a','i8'),('b','i8'),('c','f8')])
print(x)
```

输出：[(1,1,1.)(1,1,1.)(1,1,1.)]

```
y = x[['a','c']]
print(y)
```

输出：[(1,1.)(1,1.)(1,1.)]

```
y[:] = 10
print(y)
```

输出：[(10,10.)(10,10.)(10,10.)]

```
print(x)
```

输出：

```
[(10,1,10.)(10,1,10.)(10,1,10.)]
```

③ 用整数索引获取数据，输出为结构化数据键值列表中索引位置键值所对应的数据。

```
m = np.array([(1,3),(2,4)],dtype = [('club','i4'),('bar','f8')])
```

```
print(m)
```
输出：[(1,3.)(2,4.)]
```
l = m[0]
print(l)
```
输出：(1,3.)
```
l['bar'] = 100
l[0] = 1000
print(m)
```
输出：

[(1000,100.)(2,4.)]

（3）结构化数组相等性比较

① 如果两个结构体键值和数据类型均相等，则原始数组按位比较生成一个和原始数组维度一样的布尔数组。

② 如果两个结构体数据类型相同，但键值不同，则比较结果将返回一个布尔值。

③ 如果待比较的结构体数组，数据类型不一致，或者键值列表的长度不一，程序运行时会出现异常。

```
j = np.zeros(2,dtype = [('a','i4'),('b','f4')])
k = np.ones(2,dtype = [('a','i4'),('b','f4')])
print(k == j)
```
输出：[False False]
```
k = np.ones(2,dtype = [('a1','i4'),('b1','f4')])
print(j == k)
```
输出：False
```
print(k>j)
```
输出：

TypeError:'>' not supported between instances of 'numpy.ndarray' and 'numpy.ndarray'

14.7 Pandas 数值运算方法

序列 Series 和数据框 DataFrame 是 Pandas 中的非常重要的两种数据结构。Series 和 NumPy 里的一维数组相似，具备一维数组的所有功能；DataFrame 和 NumPy 里的二维数组相似，具备二维数组的所有功能，而且应用更加广泛。

（1）创建序列

可以通过以下三种方式创建序列。

① 使用一维数组创建。
```
import numpy as np,pandas as pd
data1 = np.arange(5)
print(data1)
```
输出：[0 1 2 3 4]
```
print(type(data1))
```

输出：＜class 'numpy. ndarray'＞

```
a = pd. Series(data1)
print(a)
```
输出：
```
0      0
1      1
2      2
3      3
4      4
dtype:int64
```

```
print(type(s1))
```
输出：＜class 'pandas. core. series. Series'＞

② 使用字典创建。

```
dic1 = {'x':2,'y':4,'z':6 }
print(dic1)
print(type(dic1))
```
输出：{'x':2,'y':4,'z':6}

输出：＜class 'dict'＞

③ 使用 DataFrame 中的某一行或某一列创建。

```
import numpy as np,pandas as pd
data0 = np. random. randint(10,size = 4)
data1 = np. random. randint(10,size = 4)
fram1 = pd. DataFrame({'axis1':data0,'axis2':data1})
print(fram1)
print(fram1. loc[1,:])
print(type(fram1. loc[1,:]))
```
输出：
```
axis1  axis2
0      6      2
1      1      8
2      5      6
3      3      1
axis1      1
axis2      8
Name:1,dtype:int64
＜class 'pandas. core. series. Series'＞
```

（2）创建 DataFrame

① 使用二维数组创建。

```
import numpy as np,pandas as pd
```

```
data1 = np. random. randint(10, size = 12). reshape(4,3)
print(data1)
print(type(data1))
```
输出：
```
[[0 9 8]
 [8 9 4]
 [0 6 2]
 [6 7 6]]
<class 'numpy. ndarray'>
```
```
frame1 = pd. DataFrame(data1)
print(frame1)
print(type(frame1))
```
输出：
```
   0  1  2
0  0  9  8
1  8  9  4
2  0  6  2
3  6  7  6
<class 'pandas. core. frame. DataFrame'>
```
② 使用字典创建。

用字典列表创建数据框：
```
import pandas as pd
diction1 = {'x':[11,12,13],'y':[14,15,16],'z':[17,18,19] }
print(diction1)
print(type(diction1))
```
输出：
```
{'x':[11,12,13],'y':[14,15,16],'z':[17,18,19]}
<class 'dict'>
```
```
frame2 = pd. DataFrame(diction1)
print(frame2)
print(type(frame2))
```
输出：
```
    x   y   z
0  11  14  17
1  12  15  18
2  13  16  19
<class 'pandas. core. frame. DataFrame'>
```
也可以通过嵌套字典来创建数据框：
```
import pandas as pd
diction3 = {'col1':{'axis1':'x1','axis2':52,'axis3':53},
          'col2':{'axis1':'x2','axis2':62,'axis3':63},
```

```
               'col3':{'axis1':'x3','axis2':72,'axis3':73}}
print(diction3)
print(type(diction3))
```
输出：
```
{'col1':{'axis1':'x1','axis2':52,'axis3':53},'col2':{'axis1':'x2','axis2':62,'axis3':63},'col3':
{'axis1':'x3','axis2':72,'axis3':73}}
<class 'dict'>
frame4 = pd. DataFrame(diction3)
print(frame4)
print(type(frame4))
```
输出：
```
        col1 col2 col3
axis1   x1   x2   x3
axis2   52   62   72
axis3   53   63   73
<class 'pandas. core. frame. DataFrame'>
```
③ 使用数据框创建。
```
frame5 = frame4[['col1','col2']]
print(frame5)
print(type(frame5))
```
输出：
```
        col1 col2
axis1   x1   x2
axis2   52   62
axis3   53   63
<class 'pandas. core. frame. DataFrame'>
```
（3）保留索引

对于一元运算的通用函数的输出结果将保留索引。
```
import numpy as np,pandas as pd
sere1 = pd. Series(np. random. randint(10,size = 4))
print(sere1)
```
输出：
```
0    4
1    0
2    9
3    1
dtype:int64
```
（4）索引对齐

对两个 Pandas 对象进行二元计算时，Pandas 会自动对齐两个对象的索引，Pandas 会用 NaN 填充缺失位置的数据，行列索引可以是不同顺序的，结果索引将自动顺序排列。

（5）DataFrame 和 Series 的运算

DataFrame 和 Series 遵循 NumPy 的广播规则进行计算。

```
import numpy as np, pandas as pd
data2 = np. random. randint(10, size = (3,3))
frame6 = pd. DataFrame(data2, columns = list('xyz'))
print(frame6)
print(frame6-frame6. iloc[0])
```

输出：

```
   x  y  z
0  8  2  9
1  5  7  8
2  9  6  5
   x  y  z
0  0  0  0
1 -3  5  1
2  1  4  -4
```

可以通过行运算或列运算的运算符来进行运算，注意 axis 参数的用法，如：

```
import numpy as np, pandas as pd
data2 = np. random. randint(10, size = (3,3))
frame6 = pd. DataFrame(data2, columns = list('xyz'))
print(frame6)
print(frame6. subtract(frame6['x'], axis = 0))
```

输出：

```
   x  y  z
0  7  1  8
1  5  1  3
2  9  6  9
   x  y  z
0  0 -6  1
1  0 -4  -2
2  0 -3  0
```

14.8 处理缺失值

Pandas 中的缺失值类型如下。

① None：Python 自带的数据类型，不能参与到任何计算中，对于数组中包含 None 对象的操作，往往容易出现类型错误。

② NaN：数值类型的缺失值，数值与 NaN 进行运算时，输出也为 NaN，它会将数据通化。

> **注意**
> 在 Pandas 中 None 和 NaN 是等价的。

数据是杂乱且多样的，如在医学检测中缺失情况经常发生，显然这种缺失如果不进行处理会影响到数据分析的最终结果。目前常见的缺失处理方法有删除法、填充法和插补法等。

删除法：该方法直接删除变量中的缺失值，简化操作。

填充法：对于连续性的正态分布的数据中的缺失值，往往可以用均值来代替。如果变量数据随机，可以用中位数代替缺失值。对于离散型的数据中的缺失值，可以用众数来代替。

插补法：用线性模型等决策方法计算出预测值，用来替换缺失值。

下面将简单介绍删除法和插补法。

① 删除法举例如下：

```python
import pandas as pd
data3 = [54.0,79.0,None,64.0,None,None,None,23.0,None,86.0]
frame7 = pd.DataFrame(data3,columns = list('x'))
print(frame7)
```

输出：

```
     x
0  54.0
1  79.0
2   NaN
3  64.0
4   NaN
5   NaN
6   NaN
7  23.0
8   NaN
9  86.0
```

序列中的缺失值可以通过 sum() 和 isnull() 等函数来检测和统计：

```python
print(sum(pd.isnull(data3)))
print(frame7.dropna())
```

输出：5

```
     x
0  54.0
1  79.0
3  64.0
7  23.0
9  86.0
```

通常，在执行数据框缺失项删除操作时，dropna() 函数将删除含有缺失值的每一行，如：

```python
import numpy as np,pandas as pd
data4 = pd.DataFrame([[16,np.nan,24],[34,52,np.nan],
[12,34,56],[55,np.nan,10],[56,67,78],
[np.nan,1,2]],columns = list('xyz'))
print(data4)
```

```
print(data4.dropna())
```
输出：

```
     x     y     z
0  16.0   NaN  24.0
1  34.0  52.0   NaN
2  12.0  34.0  56.0
3  55.0   NaN  10.0
4  56.0  67.0  78.0
5   NaN   1.0   2.0
     x     y     z
2  12.0  34.0  56.0
4  56.0  67.0  78.0
```

可见任意位置含有"NaN"的行都被删除了。

② 在数据分析时，缺失值经常引起意想不到的错误，如在传感器时序信号中存在缺失值，如果不进行处理，将引起控制系统的错误动作。因此，Python 中有多种方法来处理缺失值，如使用 fillna() 函数将缺失值补全：

a. 用某一个常数实现所有缺失值的填补，如：

```
print(df.fillna(int))      #使用"int"填补数据框中所有的缺失值。
import numpy as np, pandas as pd
data4 = pd.DataFrame([[16, np.nan, 24], [34, 52, np.nan],
[12, 34, 56], [55, np.nan, 10], [56, 67, 78],
[np.nan, 1, 2]], columns = list('xyz'))
print(data4)
print(data4.fillna(123))
```
输出：

```
     x      y      z
0  16.0    NaN   24.0
1  34.0   52.0    NaN
2  12.0   34.0   56.0
3  55.0    NaN   10.0
4  56.0   67.0   78.0
5   NaN    1.0    2.0
     x      y      z
0  16.0  123.0   24.0
1  34.0   52.0  123.0
2  12.0   34.0   56.0
3  55.0  123.0   10.0
4  56.0   67.0   78.0
5 123.0    1.0    2.0
```

可见 data4 数据框中所有的缺失值"NaN"都被 123.0 所填补。

b. 初用同一个值填补外，还可以指定每一列用不通的值填补，如：

```
print(data4)
print(data4.fillna({'x':123,'y':456,'z':789}))
```
输出：

	x	y	z
0	16.0	NaN	24.0
1	34.0	52.0	NaN
2	12.0	34.0	56.0
3	55.0	NaN	10.0
4	56.0	67.0	78.0
5	NaN	1.0	2.0

	x	y	z
0	16.0	456.0	24.0
1	34.0	52.0	789.0
2	12.0	34.0	56.0
3	55.0	456.0	10.0
4	56.0	67.0	78.0
5	123.0	1.0	2.0

可见 data4 数据框中第一列的缺失值"NaN"都被 123.0 所填补，第二列的缺失值"NaN"都被 456.0 填补，第三列的缺失值"NaN"都被 789.0 填补。

c. 选用缺失值的前项或后项元素完成填补。

缺失值"NaN"还可以使用 ffill 或 bfill 实现用前一个或后一个元素的值完成填补，当缺失值"NaN"在第一行时，由于前面没有元素，当使用 ffill 办法填补时将不被填补，同样当缺失值"NaN"在第最后一行时，由于后面没有元素，当使用 bfill 办法填补时将同样不被填补，如下所示。

```
print(data4.fillna(method = 'ffill'))
print(data4.fillna(method = 'bfill'))
```
输出：

	x	y	z
0	16.0	NaN	24.0
1	34.0	52.0	24.0
2	12.0	34.0	56.0
3	55.0	34.0	10.0
4	56.0	67.0	78.0
5	56.0	1.0	2.0

	x	y	z
0	16.0	52.0	24.0
1	34.0	52.0	56.0
2	12.0	34.0	56.0
3	55.0	67.0	10.0
4	56.0	67.0	78.0
5	NaN	1.0	2.0

d.选用数据框中的统计数据完成填补。

除使用缺失值的前项或后项元素填补外，还可以使用数据框中的统计数据来实现填补，如：

```
print(data4)
print(data4['x'].mean())
print(data4['y'].median())
print(data4['z'].mean())
print(data4.fillna({'x':data4['x'].mean(),
                    'y':data4['y'].median(),
                    'z':data4['z'].mean()}))
```

输出：

```
      x      y      z
0  16.0    NaN   24.0
1  34.0   52.0    NaN
2  12.0   34.0   56.0
3  55.0    NaN   10.0
4  56.0   67.0   78.0
5   NaN    1.0    2.0
34.6
43.0
34.0
      x      y      z
0  16.0   43.0   24.0
1  34.0   52.0   34.0
2  12.0   34.0   56.0
3  55.0   43.0   10.0
4  56.0   67.0   78.0
5  34.6    1.0    2.0
```

可见第一列中的缺失值"NaN"被第一列的平均值 34.6 填补，第二列中缺失值"NaN"被第二列的中位数 43 填补，第三列中缺失值"NaN"被第三列的平均值 34.0 填补。相对于常数和前项填补，中位数、均值等统计数据是最常用的填补方法。

第15章 Matplotlib数据可视化

数据可视化可以把复杂抽象的数据信息通过图形的手段，清楚地进行沟通和传达，使复杂数据集的关键特征信息得以清晰、有力的体现。

Matplotlib 是 Python 中的一个画图库，利用 Matplotlib 库可以高效便捷地生成各种图形，而且代码简洁清晰，图形质量高，是数据可视化的有力工具。

15.1 Matplotlib 常用技巧

Matplotlib 最重要的特性就是具有良好的操作系统兼容性和图形显示底层接口兼容性。Matplotlib 支持几十种图形显示接口与输出格式，这种跨平台、面面俱到的特性已经成为 Matplotlib 最强大的功能之一。

（1）在 IDLE 中画图

```
import matplotlib as mpl
import matplotlib. pyplot as plt
import numpy as mp
import pandas as pd
plt. style. use('classic')
a = np. linspace(0,5,100)
plt. plot(a,np. cos(a))
plt. show( )
```

（2）将图形保存为文件

Matplotlib 的优势在于能把生成的图形保存为不同格式的数据。

```
♯将图片保存为 png 格式。
fig. savefig('figure. png')
```

通过 Python 和 Image( ) 对象来查看文件中是否存在所需内容。

```
from IPython. display import Image
Image('figure. png')
```

15.2 两种画图接口

Matplotlib 库为用户提供了两种风格的 API，一种是类似于 Matlab 语言的编程接口，另一种为面向对象的编程接口。

类似于 Matlab 的编程接口函数封装在 Matplotlib 的 Pyplot 模块中，因此使用这种风格的编程接口需先导入 Pyplot 模块，每一个实例化的 Pyplot 模块中的函数都可以设定一幅图像的某些属性。Pyplot 这种类似于 Matlab 编程风格的模块可以方便之前使用 Matlab 编程的程序员能跟轻松的迁移到 Python 的使用。

而在使用面向对象的编程接口时，我们首先需要创建一个画布，创建完画布之后需要创建子图，同时设置好子图的各种属性，比如显示风格和坐标轴。因此面向对象的绘图编程能更加灵活地实现图形绘制的完整控制，其缺点就是相较于 Pyplot 图形接口可能需要跟多的代码。

在大量阅读 Python 代码时你会发现，这两种图形显示接口进行编程时都很常见，下面我们分别以一个简单的例子进行说明。

（1）使用 Pyplot 接口

```
import matplotlib.pyplot as plt
import numpy as np

x = np.linspace(-2,2,20)
y1 = 2 * x + 1
plt.plot(x,y1)
plt.title('Line')
plt.grid(True)
plt.xlabel('X')
plt.ylabel('Y')
plt.show()
```

输出结果如图 15-1 所示。

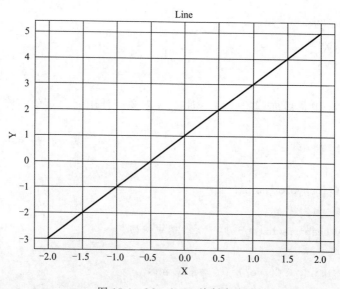

图 15-1　Matplotlib 绘制直线

（2）使用面向对象接口

```
from matplotlib.backends.backend_agg import FigureCanvasAgg as FigureCanvas
from matplotlib.figure import Figure

fig = Figure()
FigureCanvas(fig)
```

```
ax = fig. add_subplot(111)
x = np. linspace(-2,2,20)
y1 = 2 * x + 1
ax. plot(x,y1)
ax. set_title('Line')
ax. grid(True)
ax. set_xlabel('X')
ax. set_ylabel('Y')
```

通过对比可以发现，同样的例子，面向对象编程接口需要更多代码，但是其绘制过程更加明了，另外需要注意的是，使用面向对象的编程接口不能使用 show() 方法对图像进行直接显示。

在实际编程中，通常两种显示方式都需要了解，通常也会使用两种方法相结合的方式，这样既有利于跨平台移植，也有利于简化编程：

```
import matplotlib. pyplot as plt

ax = plt. subplot(111)
x = np. linspace(-2,2,20)
y1 = x * * 2
ax. plot(x,y1)
ax. set_title('Curve')
ax. grid(True)
ax. set_xlabel('X')
ax. set_ylabel('Y')
plt. show()
```

最后这种方式，也是最推荐的一种，创建 ax 对象，使用面向对象的接口绘制图像。

15.3　简易线性图

```
import matplotlib. pyplot as plt
import numpy as np
plt. style. use('seaborn-whitegrid')       #图中网格。

plt. title("A Sine-type Curve")       #图像名称。
plt. xlabel('X')     #设置 x 轴。
plt. ylabel('Y')     #设置 y 轴。
x = np. linspace(0,10,100)
x = np. linspace(0,10,100)
plt. plot(x,np. sin(x),'-',label = 'sin(x)',linewidth = 2)
plt. plot(x,np. cos(x),':',label = 'cos(x)',linewidth = 2)
plt. legend(loc = 'upper left')
plt. show()
```

输出结果如图 15-2 所示。

这里需要注意以下两点。

① plt.axis() 方法可以通过传入数组，来设置 x 轴和 y 轴的显示范围，也可以通过传入字符串让坐标轴范围自动跟随于输入。

② ax.set() 方法可以将所有的属性一次性设置完成。

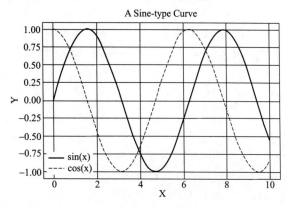

图 15-2　正弦曲线图

15.4　简易散点图

另外一种常见的图形是简易散点图，散点图由相对独立的点和圆圈等形状组成。

（1）用 plt.plot() 画散点图

```
% matplotlib inline
import matplotlib.pyplot as plt
plt.style.use('seaborn-whitegrid')
import numpy as np
rng = np.random.RandomState(0)
# 第三个参数代表图形的符号类型,相应的图形有相对的符号形式。
for marker in ['o','.',',','x','+','v','^','<','>','s','d']:
    plt.plot(rng.rand(5),rng.rand(5),marker,label="marker='{0}'".format(marker))
    plt.legend(numpoints=2)
    plt.xlim(0,1.6)
x = np.linspace(0,10,20)
y = np.sin(x)
plt.plot(x,y,'-ok')
```

（2）用 plt.scatter() 画散点图

用 plt.scatter() 创建散点有更高的灵活性，可以很好地对单个散点进行各种属性的调节。

```
rng = np.random.RandomState(0)
x = rng.randn(80)
y = rng.randn(80)
```

```
colors = rng. rand(80)
sizes = 1000 * rng. rand(80)
#散点大小是以像素为基本单位的,在可视化后的图形当中,可以显示出数据点的多维数据
信息。
plt. scatter(x, y, c = colors, s = sizes, alpha = 0. 3, cmap = 'viridis')
plt. colorbar()
```

下面以 Scikit-Learn 程序库中的鸢尾花（iris）数据演示如何在可视化图中显示多维数据的信息。数据集中有三种鸢尾花，每个样本是一种花，其花瓣与花萼的长度与宽度都经过仔细测量。

```
from sklearn. datasets import load_iris
iris = load_iris()
features = iris. data. T
plt. scatter(features[0], features[1], alpha = 0. 2,
            s = 100 * features[3], c = iris. target, cmap = 'viridis')
plt. xlabel(iris. feature_names[0])
plt. ylabel(iris. feature_names[1])
```

（3）plt. plot() 与 plt. scatter() 的效率对比

plt. plot() 和 plt. scatter() 的执行效率的差异主要体现在处理的数据量上，如果数据量非常庞大，plt. plot () 的效率会更高，因为其不会和 plt. scatter () 一样对每个单独的散点进行处理，对数据集往往只要配置一次属性即可。当数据量比较小的时候，两者的效率相差不大。

第4篇

Python深度学习与实战

第16章　数据挖掘

16.1　流程介绍

Python 是目前最流行的科学计算平台，利用 Python 我们可以很方便地对数据进行分析以及可视化，本章主要讲述如何用 Python 来进行数据挖掘，数据挖掘是一个集机器学习、统计学、数据库和可视化于一体的交叉学科，其主要目标是要从大量的数据中获取隐含在数据背后的对我们有用的信息。

数据挖掘的一般过程是先确立目标任务，建立明确的目标任务是非常重要的，因为对于不同的应用场合的不同需求，我们选取的目标数据会有很大的不同，而这些目标数据的选取会对接下来一系列的数据挖掘的工作产生决定性的作用，然后再从数据中筛选出目标数据，得到目标数据之后就可以对这些数据进行预处理，预处理完成后就是对目标任务进行算法建模，最后输出目标信息，大致流程如图 16-1 所示。

图 16-1　数据挖掘的一般流程

16.2　导入和可视化数据

如何利用 Python 对文本和文件中的数据进行读取是我们在进行数据处理之前要做的第一件事情，下面主要介绍如何用 NumPy 和 Pandas 这两个库读取我们所需要的数据。

（1）txt 文本中数据的导入

txt 文件称为文本文件，可以使用 NumPy 库进行数据的导入。

```
>>>import numpy as np
>>>DataSet_1 = np. loadtxt('testSet. txt',delimiter = '\t')
>>>print(DataSet)

>>>
[[7. 008908   7. 37369]
 [8. 582571   7. 388588]
 [9. 404668   11. 426753]
 …
 [9. 123064   10. 031042]
 [7. 495648   8. 632387]
 [8. 397023   8. 660111]]
```

此时 DataSet 的输出是一个二维数组，接下来是对此二维数组进行可视化，在这里选用 Matplotlib 库，考虑到输出的数组维度是 1000×2，于是选用散点图来进行可视化。

```
>>>import matplotlib. pyplot as plt
>>>plt. scatter(DataSet_1[:,0],DataSet_1[:,1])
>>>plt. show( )
```

显示结果如图 16-2 所示。

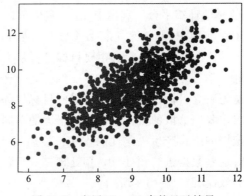

图 16-2　应用 NumPy 库的显示结果

（2）csv 文件中数据的导入

csv 文件称为逗号分隔值文件，可以使用 Pandas 库进行数据导入。

```
>>>import pandas as pd
>>>DataSet_2 = pd. read_csv('iris. csv')
>>>print(DataSet_2)

>>>
sepal_length   sepal_width   …   petal_width   species
```

0	5.1	3.5	…	0.2	Iris-setosa
1	4.9	3.0	…	0.2	Iris-setosa
2	4.7	3.2	…	0.2	Iris-setosa
3	4.6	3.1	…	0.2	Iris-setosa
4	5.0	3.6	…	0.2	Iris-setosa
5	5.4	3.9	…	0.4	Iris-setosa

DataSet 前六行输出如上所示，Pandas 可直接对数据进行可视化，下面的代码是分别绘制 sepal_length 和 sepal_width、petal_length 和 petal_width 的散点图，显示结果如图 16-3 所示。

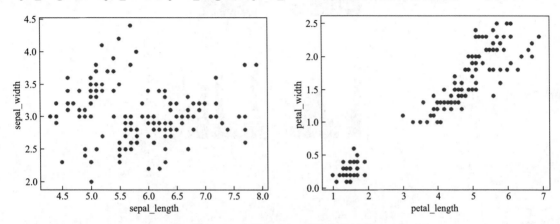

图 16-3　应用 Pandas 库的显示结果

```
>>>DataSet.plot(x = 'sepal_length', y = 'sepal_width', kind = 'scatter')
>>>DataSet.plot(x = 'petal_length', y = 'petal_width', kind = 'scatter')
>>>plt.show()
```

接下来是对各个特征维度进行直方图可视化。

```
fig = plt.figure(figsize = (6,7))
ax1 = fig.add_subplot(221)
ax1.hist(DataSet_2['sepal_length'])
ax1.set_title(" sepal_length" )
plt.ylim(0,40)
ax2 = fig.add_subplot(222)
ax2.hist(DataSet_2['sepal_width'])
ax2.set_title(" sepal_width" )
plt.ylim(0,40)
ax3 = fig.add_subplot(223)
ax3.hist(DataSet_2['petal_length'])
ax3.set_title(" petal_length" )
plt.ylim(0,40)
ax4 = fig.add_subplot(224)
ax4.hist(DataSet_2['petal_width'])
ax4.set_title(" petal_width" )
plt.ylim(0,40)
```

```
plt.show()
```

显示结果如图 16-4 所示，数据总共有四个特征属性（petal_length、petal_width、sepal_length、sepal_width），所以图中显示四个特征属性的直方图。

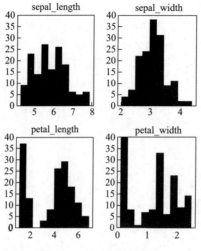

图 16-4　直方图可视化

16.3　数据分类与回归

数据挖掘中，数据的分类与回归是最基本的两个问题，分类任务首先需要构建一个数据模型，将带有标记的数据样本输入模型，通过比对标记值和输出值，并得到奖励值来优化模型；回归预测与分类任务最大的区别在于模型的输出，回归需建立两种以上变量之间的互相依赖，且预测值为实数。

分类输出的目标变量为离散型变量，回归输出的目标数据是连续型的数值数据。

解决分类任务可以分为两个阶段：学习和预测。在学习过程中，根据带有标注训练的训练数据，训练学习得到一个有效的分类器，并在预测中检验学习效果，通过优化能知道下一步学习的超参数。回归问题的学习与预测的过程和分类问题类似，但是回归问题和分类问题的损失函数有教导的区别，回归问题通常使用最大似然估计，分类问题交叉熵往往能取得更好的效果；在预测过程中，输入新的实例，利用学习到的函数模型进行数值的预测。

下面介绍几种常用的数据分类与回归算法。

16.3.1　Logistic 回归

逻辑回归（logistic regression）是一种用于解决二分类问题的典型的机器学习算法，其最终的输出只有"是""否"两种情况，可以记为 1 和 0（1 表示"是"的情况，"0"表示否的情况）。

逻辑回归的假设函数（hypothesis function）被称为逻辑函数（logistic function），又称为 sigmoid 函数，sigmoid 函数具体的数学公式如下：

$$\sigma(z) = \frac{1}{1+e^{-z}}$$

sigmoid 函数是一个单调递增的函数，随着变量 z 值的增大，sigmoid 函数值将逐渐趋近于 1，随着自变量 z 的减小，sigmoid 函数值将逐渐趋近于 0，当 z 取 0 时，sigmoid 函数值为 0.5，函数曲线如图 16-5 所示。

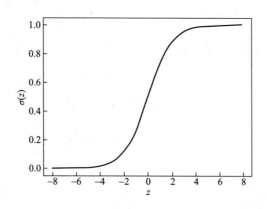

图 16-5   sigmoid 函数

16.3.2   K-近邻算法

K-近邻算法是一种基本的数据分类与回归的算法，即给定一个训练样本集，样本集中的每个样本都有各自对应的标签，对于输入新的无标签的数据，在训练样本集中找到与该数据最邻近的 K 个样本，统计该 K 个样本中数量最多的一类，把该输入数据归属于这一类别。

16.3.3   朴素贝叶斯算法

朴素贝叶斯算法是基于贝叶斯定理与特征条件独立假设的简单的概率分类方法。

16.3.4   决策树

决策树是数据挖掘中最常用的算法之一，其目标是创建一个模型来预测样本的目标值。分类决策树模型的一般训练过程为：从给定的训练样本集开始，根据某个特征将训练样本集划分为两个或两个以上的训练样本子集，得到这些训练样本子集，每个训练样本子集再根据某个特征进行划分，这个过程在产生的训练样本子集中递归进行，当一个训练样本子集中的类别标签都相同时，该训练样本子集的递归停止。决策树模型示意图如图 16-6 所示。

常用的决策树算法有 ID3 算法、C4.5 算法以及 CART 算法。

ID3 算法与别的决策算法相比，其最大的特点在于在每个节点上使用信息争议作为特征选择的方法。

C4.5 算法是对 ID3 算法的改进，C4.5 可以处理离散的属性描述，同时也可以处理连续属性的描述。这也是 C4.5 的主要改进点。

CART 算法（classification and regression tree）即分类回归树，顾名思义，CART 算法包含分类和回归两个过程，算法首先需要把样本分为两个子样本，在树中每个非叶子节点都有两个分支，不管特征是否有多个取值。把每个特征分为两类。构建完二叉树之后，再通过回归的方法对数进行剪枝。

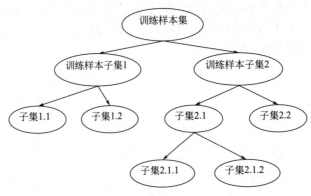

图 16-6　决策树模型示意图

16.4 聚类

这一节主要内容是聚类，它与分类不同，分类需要事先对目标数据进行标记，其属于监督学习；而聚类的目标数据不需要标记，聚类分析就是目标数据事先并不知道其属于哪一类别，经过建模而得到这些目标数据的所属类别，其属于无监督学习。

聚类中最常用的算法是 K-Means 算法，其一般流程是先随机初始化 K 个点作为质心，然后将每个点分配到距离最近的聚类中，这是在最小化误差函数的基础上将数据划分为预定的 K 个聚类中。

K-Means 聚类算法的流程如下。

① 在样本空间内随机选择 k 个样本作为聚类中心。

② 计算每个样本到聚类中心的聚类，并根据距离对样本进行分类。

③ 根据分类结果，重新计算每个类的中心。

④ 将得到的新的聚类中心和之前的聚类中心进行比较，如果变化较大则回到步骤②，否则进入步骤⑤。

⑤ 存储聚类中心，输出聚类结果。

相似性度量表述如下。

度量数据之间的相似性的常用方法有欧氏距离、曼哈顿距离、切比雪夫距离以及闵可夫斯基距离。已知两个样本 $X_1(x_{11}, x_{12}, \cdots, x_{1n})$，$X_2(x_{21}, x_{22}, \cdots, x_{2n})$，其对应的相似性度量分别如下。

① 欧氏距离：

$$D(X_1, X_2) = \sqrt{\sum_{i=1}^{n} (x_{1i} - x_{2i})^2}$$

② 曼哈顿距离：

$$D(X_1, X_2) = \sum_{i=1}^{n} |x_{1i} - x_{2i}|$$

③ 切比雪夫距离：

$$D(X_1, X_2) = \max(|x_{1i} - x_{2i}|)$$

④ 闵可夫斯基距离：

$$D\left(X_1,X_2\right)=\sqrt[k]{\sum_{i=1}^{n}\left(\left|\,x_{1i}-x_{2i}\,\right|\right)^{k}}$$

K-Means Python 代码实现：

```python
import numpy as np

# 计算样本数据之间的欧氏距离。
def distance(x1,x2):
    dist = np.sum(np.power(x1-x2,2))
    return np.sqrt(dist)


# 初始化 K 个聚类点。
def init_K(dataset,K):
    n = shape(dataset)[1]
    centtroids = np.mat(np.zeros((k,n)))
    for i in range(n):
        min_each = min(dataset[:,i])
        range_each = float(max(dataset[:,i])-min_each)

        centtroids[:,i] = min_each + np.random.rand(k,1)
    return centtroids
# K-Means 算法。
def kmeans(dataset,K,distance,init_K):
    m = shape(dataset)[0]
    clusterAssment = np.mat(np.zeros((m,2)))
    centroids = init_K(dataset,K)
    clusterChanged = True

    while clusterChanged:
        clusterChanged = False
        for i in range(m):
            min_dist = np.inf
            min_index = -1
            for j in range(k):
                dist = distance(centroids[j,:],dataset[i,:])

                if dist< min_dist:
                    min_dist = dist
                    min_index = j
            if clusterAssment[i,0] != min_index:
```

```
                    clusterChanged = True

                    clusterAssment[i, :] = min_index, min_dist * * 2

        #更新质心点的位置。
        for cent in range(k):
            new_cluster = dataset[np.nonzero(clusterAssment[:, 0].A = = cent)[0]]
            centroids[cent, :] = np.mean(new_cluster)

        return centroids, clusterAssment
>>> filepath = 'testSet'
>>> dataset = np.loadtxt(filepath, delimiter = '\t')
>>> kmeans(dataset, 3, distance, init_K)

>>> [[-4.48777927   -4.13708107]
 [-5.12997795   -4.20382506]
 [-4.48014295   -3.62681136]]
[[-5.46529800e - 01   -4.03156140e + 00]
 [-5.37971300e + 00   -3.36210400e + 00]
 [-2.38777027e - 03    3.76540635e - 01]]
[[   1.18921325   -3.3180198 ]
 [-3.89646064   -2.78844243]
 [   0.4886332       2.38571057]]
[[   2.7481024    -2.90572575]
 [-3.53973889   -2.89384326]
 [   0.09765693     2.86443007]]
[[   2.72102136   -2.61215086]
 [-3.53973889   -2.89384326]
 [-0.02298687     2.99472915]]
[[   2.8692781    -2.54779119]
 [-3.38237045   -2.9473363 ]
 [-0.02298687     2.99472915]]
```

上面的结果在经过 6 次迭代之后算法收敛，最终给出了 3 个稳定质心点。

16.5 数据降维

我们在进行数据挖掘的时候，样本数据量往往会比较大，同时我们选取的特征属性比较多，对于大维度的数据，有些维度之间往往会存在相关性，这样就存在数据冗余，而这些冗余的数据是对训练无用或者重复表达的信息，并且这种大规模的数据会非常消耗计算资源，更有甚者还会出现维度灾难。这时候如果想减少训练所消耗的计算资源或者提高训练效率的话，就可以运用降维算法对数据量进行压缩。

数据降维的主要作用有以下几点。

① 降低数据的特征维度。

② 去除数据冗余。

③ 去除数据噪声。

④ 减少模型训练消耗的存储资源和计算资源。

目前降维算法中最重要的一个是主成分分析（principal component analysis，PCA），PCA 算法通过特征值来分析判断每个特征向量在当前输入下的权重，通常情况下，这种算法能揭露数据的内部结构，提供了一个解释数据变量的方法。在图片的降维中，数字较大的特征值所对应的多元数组中往往也包含了更多关于图片的信息，而较小的特征值所对应的多元数组中可能包含了相对较多的噪声信息。从另一个角度来看，较大特征值对应的多元数组是图像信息最多的点的"投影"。

PCA 算法的 Python 实现：

```
import numpy as np
＃将数据集转化为矩阵的形式。
def PCAcal(data_Matrix, topNfeat = 1000):
    removemeanval = data_Matrix - np.mean(data_Matrix, axis = 0)      ＃去均值。
    covariance = np.cov(removemeanval, rowvar = 0)        ＃协方差。
    eig_vals, eig_vects = np.linalg.eig(np.mat(covariance))      ＃协方差特征值和特征向量。
    eig_vals_idx = np.argsort(eig_vals)      ＃特征值从大到小排序。
    eig_vals_idx = eig_vals_idx[:-(topNfeat + 1):-1]
    red_eig_vects = eig_vects[:, eig_vals_idx]       ＃保留最前面的特征向量。
    reconstruct_Mat = (removemeanval * red_eig_vects * red_eig_vects.T) + np.mean(data_Matrix, axis = 0)      ＃将数据转换到新的维度。
    return lowDMatrix, reconstruct_Mat
```

函数 PCAcal(data_Matrix, topNfeat = 1000) 中，参数 data_Matrix 表示用于待降维操作的数据集(如果待降维的数据不是矩阵形式,可以先将数据转换为矩阵),参数 topNfeat 为可选项,表示保留的前若干个 topNfeat 个特征。

第**17**章 植物病害识别案例

17.1 案 例 背 景

植物病害是造成植物死亡的主要原因之一。对植物病害的准确检测，有助于植物病害的早期治疗，有效地预防病害的传播，对减少经济损失具有重要意义。近年来，基于图像的植物病害自动诊断和产量估计在农业生产中发挥着重要作用，受到了人们的广泛关注。本章实例就是基于深度学习和图像处理技术实现对植物病害识别的方法。通过实例，你将学习到如何通过 PyTorch 深度学习框架实现一个神经网络的搭建以及如何调用经典模型并修改模型，熟悉 PyTorch 加载数据的方式和一些常用的模块等。

在做深度学习实验或项目时，为了得到最优的模型结果，中间往往需要很多次的尝试和修改。在从事大多数深度学习研究时，程序一般需要实现以下几个功能。

① 模型定义。

② 数据处理和加载。

③ 训练模型（train/validate）。

④ 训练过程的可视化。

⑤ 测试（test/inference）。

本章实例将根据这些内容实现一个识别模型的训练和测试过程，实验数据下载地址：https://www.challenger.ai/。

17.2 案 例 要 求

要求采用 PyTorch 深度学习框架，学会自主搭建一个简单的神经网络模型，或者调用经典的深度学习模型结合图像处理技术实现植物的病害识别。学会数据预处理、数据加载、神经模型的修改、模型训练参数的选择以及训练过程的可视化等方法。

另外在完成实例的过程中，程序还应该满足以下几个要求。

① 模型需具有高度可配置性，便于参数以及模型的修改，重复实验。

② 代码应具有良好的组织结构。

③ 代码应具有良好的说明，便于他人理解。

17.3 案 例 步 骤

在开始案例之前，我们需要明确自己的实现步骤，只有明确了自己的目标才可以将案例进行下去。为此，我们将本次案例分为 7 个部分：包括数据加载、图像预处理、模型搭建与修改、模型训练、模型验证、训练参数存储以及中间结果的打印。下面我们将按照这 7 个步骤分别论述案例的实现过程。

17.3.1 数据加载

数据加载是实现模型训练的前提，那么如何加载数据是一种必备的技能。本实例采用的 PyTorch 框架中自带的 Dataset 和 DataLoader 两个类来实现数据的读取与加载。通过"from torch. utils. data import Dataset，DataLoader"来导入这两个类。这两个类是依次封装的关系：Dataset 被封装进 DataLoader，DataLoader 再被封装进 DataLoaderIter。

（1）Dataset

在 PyTorch 中 Dataset 是一个包装类，用来将数据包装为 Dataset 类，然后传入 DataLoader 中，这个类更加快捷地对数据进行加载操作。每当我们自定义类 NewDataset 时，必须要继承它并实现其两个成员函数：_len_()和_ getitem_()。

自定义类代码如下：

```
from torch. utils. data import Dataset
class MyDataset(Dataset):
        #初始化。
        def_init_(self,):
        #返回 df 的长度。
        def_len_(self):
        #获取第 idx + 1 列的数据。
        def_ getitem_(self,):
```

（2）DataLoader

DataLoader 位于 torch. utils. data. DataLoader，为我们提供了对 Dataset 的读取操作。它为我们提供的常用操作有 batch _ size、shuffle、num _ workers 等。格式如下：

```
torch. nn. data. DataLoader(dataset,batch_size = 1, shuffle = False, sampler = None, batch_sampler = None, num_workers = 0, collate_fn = default_collate, pin_memory = False, drop_last = False, timeout = 0, worker_init_fn = None)
```

下面介绍在实践过程中经常使用的参数。

dataset：上述代码所实现的自定义类 NewDataset。

batch_size：默认为 1，每次读取的 batch 的大小。

shuffle：默认为 False，是否对数据在每个 epoch 中进行打乱操作。

num_workers：默认为 0，表示在加载数据的时候每次使用子进程的数量，即简单的多线程预读数据的方法。

pin_memory：默认为 False，表示在返回张量之前，是否让数据加载器把张量复制到 CUDA 内存中。

DataLoader 返回的是一个迭代器，我们通过这个迭代器来不断地获取数据。DataLoader 的目的是将给定的所有数据个数 n，分成 n/batch_size 份，然后经过 DataLoader 操作后，在迭代器中每次加载时只加载一个 batch_size 大小的数据。

（3）案例数据加载

本案例数据分为四个文件，图像数据放在文件夹 images 下面，另外三个分别为 train. json、val. json 和 test. json，三个 json 文件分别存放训练集、验证集和测试集的 label 数据。

对于 json 文件的读取，我们需要调用 Python 中的 json 模块来读取数据。JSON 是一种轻量级的数据交换格式，易于人阅读和编写。如表 17-1 所示，json. dumps（）函数用于将 Python 对象编码成 JSON 字符串；json. loads（）用于解码 JSON 数据，该函数返回 Python 字段的数据类型。

表 17-1　json 模块的常用函数

函数	描述
json. dumps()	将 Python 对象编码成 JSON 字符串
json. loads()	将已编码的 JSON 字符串解码为 Python 对象

代码如下：

```
import json
data = [{'a':0,'b':1,'c':2,'d':3,'e':4}]
j = json. dumps(data)
print(j)
jsonData = '{"a":0,"b":1,"c":2,"d":3,"e":4}'
t = json. loads(jsonData)
print(t)
```

输出结果为：

```
[{"a":0,"b":1,"c":2,"d":3,"e":4}]
 {'a':0,'b':1,'c':2,'d':3,'e':4}
```

本案例中，由于 json 文件已经给出，为此我们需要调用 json. loads（）函数来实现。代码如下：

```
root = 'train/data/images'
file = open(root + 'train/data/annotation. json', encoding = 'utf-8')
datas = json. load(file)
```

数据的 label 已经加载完成，为此我们需要加载图像数据。图像数据放在 images 文件夹下面。由于 json 文件中也有图像数据的路径，为此我们通过之前加载的 json 文件中的数据来读取 images 文件下面的图像数据。

在读取图像数据时，我们需要用到 PIL 库中的 Image 模块。例如我们先加载一张图像数据，代码如下：

```
from PIL import Image
image_root = 'images/000f74d036a32b5afc286336e077e26e. jpg'
img = Image. open(image_root)
w, h = img. size
print(w, h)
```

输出结果为：

```
256 262
```

上述是加载单张图像数据，接下来我们利用 NewDataset 类加载数据。代码如下：

```
class NewDataset(Dataset):
    #
```

```
#类初始化部分,输入参数包括数据的路径 root,c = ['train','val','test'],trans 表示数据增强。
#================================================================
def _init_(self,root = './Annotation/',c = 'train',trans = None):
    if c =='train':
        self.imgdir = 'mages'        #表示训练集数据图片的路径。
        file = open('train.json',encoding = 'utf-8')        #加载 json 格式的数据路径。
    elif c == 'val':
        self.imgdir = 'images'        #表示验证训练集数据图片路径。
        file = open('val.json',encoding = 'utf-8')        #加载 json 格式的数据路径。
    else:
        self.imgdir = 'images'        #表示测试集数据图片路径。
        file = open('test.json',encoding = 'utf-8')        #加载 json 格式的数据路径。
    self.lines = json.load(file)        #加载 json 数据文件,将所有数据以字典形式,形如
    #{"dis ease_class":1,"image_id":"43234193db4aefa1245592ab36d6c946.jpg"}放进
#list 中。
    self.trans = trans
    self.root = root
def _len_(self):
    return len(self.lines)        #返回数据的总数量。
def _getitem_(self,idx):        #生产迭代器 idx 表示传入的索引,范围在[0,len(self.lines) - 1]。
    data = self.lines[idx]        #根据索引找到 json 文件中的数据。
    filename = data['image_id']        #data 数据为字典形式,查询字典。
    img_name = os.path.join(self.imgdir,filename)        #将 self.imgdir 和 filename 拼
#接到一起,形成完成的数据路径。
    image = Image.open(img_name).convert('RGB')        #利用 PIL 库中的 Image 模块加载图像。
    label = int(data['disease_class'])        #获得图像的 label。
    if self.trans is not None:        #如果 self.trans 不为 None,则进行数据增强。
        image = self.trans(image)
    return image,label        #返回图像数组和标签 label。
```

通过 NewDataset 类就可以实现实例数据的读取,其中还包括 json 文件的读取,并采用 PIL 对图像进行读取。NewDataset 类中可以通过 len()返回数据集的总长度,通过_getitem_() 对数据以迭代的形式读取。图 17-1 提供了案例中使用的图像数据。

17.3.2 图像预处理

本节中图像预处理主要是对图像数据进行数据增强处理,通过 PyTorch 自带的 torchvision 库中的 transforms 模块来实现。transforms 模块对图像做预处理的操作有归一化(Normalize)、尺寸剪裁(Resize)、翻转(Flip)等。这些图像处理步骤往往都是在一起混合使用的,此时可以用 transforms.Compose()函数将这些图像预处理操作连起来。transforms 中常用的图像处理方法如下。

Normalize:对图像做归一化处理。

图 17-1　案例图像数据

Resize：把给定的图片调整到给定的尺寸。

CenterCrop：以输入图的中心点为中心做指定大小的裁剪操作。

RandomCrop：以输入图的随机位置为中心做指定大小的裁剪操作。

RandomHorizontalFlip：按照给定概率水平翻转 PIL 图像。

RandomVerticalFlip：按照给定概率垂直翻转 PIL 图像。

RandomResizedCrop：先将图像随机裁剪为不同的大小和宽高比，然后缩放裁剪图像的大小。

Grayscale：将图像转换为灰度图。

RandomGrayscale：将图像以给定的概率转换为灰度图。

FiveCrop：从一张输入图像中裁剪出 5 张指定大小的图像，包括 4 个角的图像和一个中心。

TenCrop：剪出 10 张指定大小的图像，在 FiveCrop 的基础上，再将输入图像进行水平或竖直翻转，然后进行 FiveCrop 操作，这样一张图像可得到 10 张裁剪图像。

Pad：对图像的所有边填充指定的像素个数。

ColorJitter：修改图像的亮度、对比度、饱和度和色度。

在本案例中，我们选用了以下几种图像处理的方法，代码如下：

```
trans_train = transforms. Compose([      # transforms. Compose()表示以下面的方式增强
数据。
        transforms. Resize((256,256)),      #先对数据的大小调整为 256×256。
        transforms. CenterCrop((224,224)),      # 对数据的中心大小裁剪为 224×224。
        transforms. RandomHorizontalFlip(),      #随机水平翻转。
        transforms. ToTensor()])      #将 NumPy 形式的图像转换为 PyTorch 需要的数据格式
    # Tensor。
```

这段代码是实现对训练集的数据处理，先要对所有的图像数据统一到固定的尺寸；然后对图像随机翻转，来增加数据的多样性，达到数据增强的效果；最后需要将图像数据转换为 Tensor 的数据格式。

对于验证集和测试集，我们一般只进行图像的裁剪，将测试图像裁剪成和训练时候输入的图像相同的大小。代码如下：

```
trans_val_test = transforms. Compose([
```

```
transforms. Resize((256,256)),      #先对数据的大小调整为 256×256。
transforms. CenterCrop((224,224)),       #对数据的中心大小裁剪为 224×224。
transforms. ToTensor()])       #将 NumPy 形式的图像转换为 PyTorch 需要的数据格式
#Tensor。
```

17.3.3 模型搭建与修改

（1）模型搭建

本节将介绍如何基于 PyTorch 深度学习框架用简单快捷的方式搭建出复杂的神经网络模型。在搭建复杂的神经网络模型的时候，我们也可以使用 PyTorch 中已定义的类和方法，这些类和方法覆盖了神经网络中卷积层、池化层、激活函数、全连接层等常用神经网络结构的实现。

在 PyTorch 中，有一个非常重要的 torch. nn 包，它包含了大量的与实现神经网络中具体功能相关的类，这些类涵盖了深度神经网络模型在搭建和参数优化过程中的主要内容，例如常用的卷积层、池化层、全连接层、Batch Normalization，防止过拟合的参数归一化方法、Dropout 方法，还有激活函数部分的线性激活函数、非线性激活函数相关的方法，常用的损失函数等。

下面我们搭建一个简单的神经网络模型，代码如下：

```
import torch
import torch. nn as nn
class Network(nn. Module):      #定义一个名字为 Network 的神经网络。
    def _init_(self,cls = 10):      #初始参数,cls 默认为 10 个类。
        super(Network,self)._init_()
        self. conv1 = nn. Conv2d(3,64,3,2,1)      #定义一个卷积并配置好参数。
        self. relu = nn. ReLU(inplace = True)      #定义一个激活函数。
        self. bn1 = nn. BatchNorm2d(64)      #定义一个 Batch Normalization 层。
        self. maxpool = nn. MaxPool2d(2,2)      #定义一个最大池化层。
        self. conv2 = nn. Conv2d(64,128,3,2,1)
        self. bn2 = nn. BatchNorm2d(128)
        self. conv3 = nn. Conv2d(128,512,3,1,1)
        self. bn3 = nn. BatchNorm2d(512)
        self. avgpool = nn. AdaptiveAvgPool2d(1)      #定义一个自适应平均池化层。
        self. fc = nn. Linear(512,cls)      #定义一个全连接层。

    def forward(self,x):
        x = self. conv1(x)      #输出特征图大小:16×16。
        x = self. bn1(x)
        x = self. relu(x)
        x = self. maxpool(x)      #输出特征图大小:8×8。
        x = self. conv2(x)      #输出特征图大小:4×4。
        x = self. bn2(x)
        x = self. relu(x)
```

```
        x = self.conv3(x)        #输出特征图大小:4×4。
        x = self.bn3(x)
        x = self.relu(x)
        x = self.avgpool(x)       #输出特征图大小:1×1。
        x = x.view(x.size(0),-1)        #特征图维度变换:B×C×1×1 变换为 B×C。
        x = self.fc(x)
        return x
```

这是采用 PyTorch 搭建的一段简单的神经网络模型,基本包括了神经网络的卷积层、池化层、全连接层、激活函数和 Batch Normalization 层等。下面我们通过打印模型来查看该神经网络的结构。代码如下:

```
model = Network()        #给定神经网络的类数目为100。
print(model)
```

输出结果为:

```
Network(
    (conv1):Conv2d(3,64,kernel_size = (3,3),stride = (2,2),padding = (1,1))
    (relu):ReLU(inplace)
    (bn1):BatchNorm2d(64,eps = 1e-05,momentum = 0.1,affine = True,
track_running_stats = True)
    (maxpool):MaxPool2d(kernel_size = 2,stride = 2,padding = 0,dilation = 1,ceil_mode = False)
    (conv2):Conv2d(64,128,kernel_size = (3,3),stride = (2,2),padding = (1,1))
    (bn2):BatchNorm2d(128,eps = 1e-05,momentum = 0.1,affine = True,
track_running_stats = True)
    (conv3):Conv2d(128,512,kernel_size = (3,3),stride = (1,1),padding = (1,1))
    (bn3):BatchNorm2d(512,eps = 1e-05,momentum = 0.1,affine = True,
track_running_stats = True)
    (avgpool):AdaptiveAvgPool2d(output_size = 1)
    (fc):Linear(in_features = 512,out_features = 10,bias = True)
)
```

(2) 模型修改

通常我们需要自己搭建神经网络,面对实际问题,我们搭建的模型结构需要不断地进行调试参数才可以适应特定的问题。当前很多学者已经提出了各种优秀的网络结构,包括 AlexNet、VGG-Net、ZF-Net、GooLeNet、ResNet、SENet、DensNet 以及 ResNeXT 等。在 PyTorch 的 torchvision.models()函数中,存在很多已经封装好的优秀模型的类函数,例如:AlexNet、VGG-Net、GooLeNet、ResNet 等,这些模型在 ImageNet2012 数据集上都取得过非常好的效果。但是我们在使用这些经典模型的时候,需要对它们进行一些修改以满足实际需求。一般我们需要修改模型的全连接层的输出神经元个数,输出神经元个数表示需要预测的类别数目。我们以 ResNet18 为例,代码如下:

```
import torchvision.models as models
model = models.resnet18()        #获得 ResNet18。
print(model.fc)        #打印 torchvision.models()函数里面 ResNet18 全连接层的输出单元个数。
in_feature = model.fc.in_features。
```

```
model. fc = nn. Linear( in_feature,100)        #修改神经单元个数为 100。
print(model.fc)        #打印修改后的 ResNet18 全连接层的输出单元个数。
```

输出结果如下：

```
Linear( in_features = 512, out_features = 1000, bias = True)
Linear( in_features = 512, out_features = 100, bias = True)
```

从输出的结果可以看出，在 torchvision. models()函数里面 ResNet18 全连接层的输出单元个数为 1000，修改后输出单元个数为 100，这样就可以达到修改需要预测类别个数的目的。

17.3.4 模型训练

前面已经讲述了模型的搭建和修改，接下来就正式进入模型的训练阶段。模型训练涉及学习率的选择，也包括损失函数、优化函数参数的设定。训练深度学习模型需要扎实的实践基础和经验，大部分模型参数都需要手动调试，因此深度学习模型调节参数也是一个非常重要的过程。

学习率（learning rate）是指导我们该如何通过损失函数的梯度调整网络权重的超参数。学习率越低，神经网络学习的速度也就越慢，损失函数的变化速度就越慢。一般而言，用户可以利用自己或者他人的经验直观地设定学习率的最佳值。本案例为了简化训练过程，将学习率设定固定的值进行实验。

深度学习的任务本质上来说是拟合一个函数，将输入的图片映射到对应的标签，这个映射的好坏需要用损失函数来表达，学习训练的过程也是由损失函数来指导的。PyTorch 提供了很多常见的损失函数，比如 L1Loss()、MSELoss()、CrossEntropyLoss()、BCELoss()、BCEWithLogitsLoss()、SmoothL1Loss()等。这些损失函数都在 torch. nn 里面，用户可以任意调用封装好的损失函数类。PyTorch 调用损失函数，代码如下：

```
loss1 = torch. nn. CrossEntropyLoss()
loss2 = torch. nn. BCELoss()
```

这两行代码是调用交叉熵损失函数和二值交叉熵损失函数的例子。

深度学习中有众多有效的优化函数，比如应用最广泛的 SGD()，Adam()等。PyTorch 也封装了很多优化函数，这些优化函数都放在 torch. optim 里面。下面来看一下，如何调用这些优化函数，代码如下：

```
Optimzier1 = torch. optim. SGD( net. parameters(), lr = 1e-2)
Optimzier2 = torch. optim. Adam( net. parameters(), lr = 1e-3)
```

这两行代码是调用 SGD()和 Adam()两个优化函数的例子。

在案例中，我们分别采用了 CrossEntropyLoss()损失函数和 SGD()优化函数，代码如下：

```
criterion = torch. nn. CrossEntropyLoss()
optimizer = torch. optim. SGD( net. parameters(),        #设置优化器 SGD。
                             lr = 0.1,        #设置学习率为 0.1。
                             weight_decay = 0.0005,        #设置权值衰减。
                             momentum = 0.9)        #设置动量参数。
```

本实例采用 SGD 优化器，其中需要必要的超参数为学习率，可以修改的超参数包括 weight_decay、momentum 等，参数的设置都是根据实际经验设置的超参数。

接下来就是模型训练的过程，当所有的超参数都设定好之后，通过循环迭代的形式加载数据，每个 batch size 的数据格式为：$B×C×W×H$，B 表示 batch size，C 表示通道的个数（一般都是 RGB 三个通道），W 和 H 表示图像的宽度和高度。得到数据之后，如果计算机带有可以进行 CUDA 计算的 GPU，就可以将数据挂载到 GPU 上，进行加速计算。下面我们将给出整个训练过程的代码，代码如下：

```python
def Train(model, epoch, optimizer, criterion, DataLoader):     #传入需要的参数。
    model.train()     #将模型设置为 train 的模式，表示需要后向传播。
    total = 0
    correct = 0.0
    l = 0.0
    f = AverageMeter()     #统计 f-score。
    r = AverageMeter()     #统计 recall。
    p = AverageMeter()     #统计 precision。
    with tqdm.tqdm(total = len(DataLoader)) as t:     #显示进度条。
        for j, sample in enumerate(DataLoader):     #迭代加载所有数据总量。
            input = sample[0].cuda()     #将图像的 tensor 数据挂在 GPU 上。
            label = sample[1].cuda()     #将图像的标签挂在 GPU 上。
            optimizer.zero_grad()     #清零优化器。
            output = model(input)     #将图像的 tensor 传入到模型中进行特征提
#取，并输出预测值。
            score_f, score_p, score_r = Score(output, label)     #计算预测值的 f-score、
#precision、recall。
            f.update(score_f, input.size(0))     #求从第 1 次迭代到当前迭代的
#f-score 平均值。
            p.update(score_p, input.size(0))     #求从第 1 次迭代到当前迭代的
#precision 平均值。
            r.update(score_r, input.size(0))     #求从第 1 次迭代到当前迭代的
#recall 平均值。
            loss = criterion(output, label)     #计算损失函数。
            loss.backward()     #损失后向传播。
            l += label.size(0) * loss.item()     #累加已经迭代的所有损失。
            optimizer.step()     #更新模型参数。
            _, predicted = torch.max(output.data, 1)     #得到预测值（类别）。
            total += label.size(0)     #求从第 1 次迭代到当前迭代的所有图像
#数量之和。
            correct += (predicted == label).sum().item()     #求预测准确的数量。
            #将所得到的结果在进度条上显示。
            t.set_postfix(Result = '{:05.4f}|{:05.4f}'.format(l/total, 100 * cor-
rect/total))
```

```
              t.update()      #更新进度条。
```

17.3.5 模型验证

模型的验证，不需要进行后向传播，因此，模型需要设置为 model.eval() 的格式。验证的方法和训练的格式基本一致，只是计算出来的损失函数不需要进行后向传播。代码如下：

```
def Val(model,criterion,DataLoader):      #传入需要的参数。
    model.eval()      #将模型设置为 eval 的模式，表示不需要后向传播。
    total = 0
    correct = 0.0
    l = 0.0
    f = AverageMeter()
    r = AverageMeter()
    p = AverageMeter()
    #用 no_grad 这个上下文管理器，在作用域内只做计算，不记录计算图。
    with torch.no_grad():
        for j,sample in enumerate(DataLoader):      #迭代加载所有数据总量。
            input = sample[0].cuda()      #将图像的 tensor 数据挂在 GPU 上。
            label = sample[1].cuda()      #将图像的标签挂在 GPU 上。
            output = model(input)
            score_f,score_p,score_r = Score(output,label)      #计算预测值的 f-score、
            #precision、recall。
            f.update(score_f,input.size(0))      #求从第 1 次迭代到当前迭代的 f-score
            #平均值。
            p.update(score_p,input.size(0))      #求从第 1 次迭代到当前迭代的 preci-
            #sion 平均值。
            r.update(score_r,input.size(0))      #求从第 1 次迭代到当前迭代的 recall
            #平均值。
            loss = criterion(output,label)      #计算损失函数
            l + = label.size(0) * loss.item()      #累加已经迭代的所有损失。
            _,predicted = torch.max(output.data,1)      #得到预测值(类别)。
            total + = label.size(0)      #求从第 1 次迭代到当前迭代的所有图像数量
            #之和。
            correct + = (predicted = = label).sum().item()      #求预测准确的数量。
```

17.3.6 训练参数存储

在训练完一个 epoch 之后，我们往往需要对模型的参数进行保存。PyTorch 采用的是 torch.save() 函数保存模型参数。代码如下：

```
torch.save(net.state_dict(),'. /{}/model_{:.4f}.pth'.format(storepath,val_acc))
```

第一个函数参数表示模型的键值对，也就是模型训练后等到的参数；第二个函数参数表示需要保存的路径。

17.3.7 中间结果的打印

模型训练的过程中，我们想要了解模型的误差变换以及模型的精度情况，为此需要打印中间结果并在屏幕上显示。通常需要打印的结果一般包括损失（loss）、精度（ACC）、f-score、precision 和 recall 等。

计算 f-score、precision 和 recall 的代码如下：

```
def Score(preds,target):      #传入模型全连接层的输出和标签。
    preds = preds.max(1)[1]    #将全连接层输出的值(shape = (batch size,class num))取
    #每张图像预测的最大值,返回最大值的索引。
    preds = preds.cpu().numpy().tolist()      #数据类型转换 tensor->numpy->list。
    target = target.cpu().numpy().tolist()      #数据类型转换 tensor->numpy->list。
    score_f = f1_score(target,preds,average = 'macro')      #计算 f1-socre。
    score_p = precision_score(target,preds,average = 'macro')      #计算 precision。
    score_r = recall_score(target,preds,average = 'macro')      #计算 recall。
    return score_f,score_p,score_r      #返回计算值。
```

计算和存储平均值和当前值，代码如下：

```
class AverageMeter(object):
    def __init__(self):      #初始化。
        self.reset()      #将所有数据清零。
    def reset(self):      #将所有数据清零。
        self.val = 0
        self.avg = 0
        self.sum = 0
        self.count = 0
    def update(self,val,n = 1):      #更新参数。
        self.val = val      #表示传入的参数。
        self.sum + = val * n      #将总数求和。
        self.count + = n      #累加迭代的次数。
        self.avg = self.sum/self.count      #求平均值。
```

先分别计算需要打印的结果，代码如下：

```
#初始化需要的参数。
total = 0
correct = 0.0
l = 0.0
#通过 AverageMeter()来分别计算 f-score、recall、precision 的大小。
f = AverageMeter()
r = AverageMeter()
p = AverageMeter()
...
output = model(input)      #将图像的 tensor 传入到模型中进行特征提取,并输出预测值。
score_f,score_p,score_r = Score(output,label)      #计算预测值的 f-score、preci-
```

```
#sion、recall。
f. update(score_f, input. size(0))      #求从第 1 次迭代到当前迭代的 f-score 平均值。
p. update(score_p, input. size(0))      #求从第 1 次迭代到当前迭代的 precision 平均值。
r. update(score_r, input. size(0))      #求从第 1 次迭代到当前迭代的 recall 平均值。


#打印训练集结果。
print(' Train Accuracy Num:{} % | Loss:{:.4f}'. format(acc, l))
print(' F-acore:{:.4f} | Pre:{:.4f} | Rec:{:.4f}'. format(f. avg, p. avg, r. avg))


#打印测试集结果。
print('Val Accuracy Num:{} %|Loss:{:.4f}'. format(acc, l))
print('F-acore:{:.4f}|Pre:{:.4f}|Rec:{:.4f}'. format(f. avg, p. avg, r. avg))
```

17.4 案例代码

数据加载代码及其注释说明：dataload. py

```python
#-*-coding:utf-8-*-
"""
Created on Mon Oct 22 11:10:50 2018
@author:xs15
"""
#=========================================================================
#先将需要用到的库 import 进来。
#=========================================================================
import os, json
from torch. utils. data import Dataset, DataLoader
from torchvision import transforms
from PIL import Image
#=========================================================================
#定义一个类，用来加载实验数据。
#=========================================================================
class MDataset(Dataset):
#=========================================================================
#类初始化部分，输入参数包括数据的路径 root, c = ['train', 'val', 'test'], trans 表示数据增强。
#=========================================================================
    def __init__(self, root = './Annotation/', c = 'train', trans = None):
        if c = = 'train':
            self. imgdir = 'C:/xs/AI/code/dataset/images'      #表示训练集数据图片的路径。
            file = open(' C:/xs/AI/code/dataset/train3. json', encoding = 'utf-8')
            #加载 json 格式的数据路径。
        elif c = = 'val':
```

```python
            self.imgdir = 'C:/xs/AI/code/dataset/images'        #表示验证集数据图片路径。
            file = open('C:/xs/AI/code/dataset/val3.json', encoding = 'utf-8')
#加载 json 格式的数据路径。
        else:
            self.imgdir = 'C:/xs/AI/code/dataset/images'        #表示测试集数据图片路径。
            file = open('C:/xs/AI/code/dataset/test.json', encoding = 'utf-8')
#加载 json 格式的数据路径。
            self.lines = json.load(file)        #加载 json 数据文件,将数据以字典形式,形如
#{"disease_class":1,"image_id":"43234193db4aefa1245592ab36d6c946.jpg"})放进 list 中。
            self.trans = trans
            self.root = root
    def _len_(self):
            return len(self.lines)        #返回数据的总数量。
    def _getitem_(self, idx):
#生产迭代器 idx 表示传入的索引,范围在[0, len(self.lines) - 1]。
            data = self.lines[idx]        #根据索引找到 json 文件中的数据。
            filename = data['image_id']        #data 数据为字典形式,查询字典。
            img_name = os.path.join(self.imgdir, filename)
#将 self.imgdir 和 filename 拼接到一起,形成完整的数据路径。
            image = Image.open(img_name).convert('RGB')
#利用 PIL 库中的 Image 模块加载图像。
            label = int(data['disease_class'])        #获得图像的 label。
            if self.trans is not None:        #如果 self.trans 不为 None,则进行数据增强。
            image = self.trans(image)
                return image, label        #返回图像数组和标签 label。
# ==========================================================================
# 表示训练集数据增强。
# ==========================================================================
    trans_train = transforms.Compose([        #transforms.Compose()表示以下面的方式增强数据。
        transforms.Resize((256, 256)),        #先对数据的大小调整为 256 × 256。
        transforms.CenterCrop((224, 224)),        #对数据的中心大小裁剪为 224 × 224。
        transforms.RandomHorizontalFlip(),        #随机水平翻转。
        transforms.ToTensor()
# 将 NumPy 形式的图像转换为 PyTorch 需要的数据格式 Tensor。
        ])

# ==========================================================================
# 表示验证集数据增强。
# ==========================================================================
    trans _val = transforms.Compose([
        transforms.Resize((256, 256)),        #先对数据的大小调整为 256 × 256。
```

```python
            transforms.CenterCrop((224,224)),      #对数据的中心大小裁剪为224×224。
            transforms.ToTensor()      #将NumPy形式的图像转换为PyTorch需要的数据
#格式Tensor。
            ])
```

```python
#===============================================================
#定义一个可以循环加载数据的类。
#===============================================================
  def load(c = 'train', ):      #传入参数c = ['train','val','test']
        if c = = 'train':
                transformed_dataset = MDataset(c = 'train', trans = trans_train)      #调用
#之前定义好的MDataset,将transformed_dataset传入DataLoader进行循环加载。
                dataloader = DataLoader(transformed_dataset,
                                        batch_size = 64,      #设置每次迭代
#需要的图像的数量,即mini_batchsize。
                                        num_workers = 2,      #设置多线程加载
#数据。
                                        shuffle = True)      #每个epoch加载
完之后,是否将数据进行打乱。
#True表示打乱,False表示不打乱。
        elif c = = 'val':
                transformed_dataset = MDataset(c = 'val', trans = trans_val)
                dataloader = DataLoader(transformed_dataset,
                        batch_size = 64,      #设置每次迭代需要的图像的数量,即mini_
#batchsize。
                        num_workers = 2,      #设置多线程加载数据。
                        shuffle = False)      #每个epoch加载完之后,是否将数据进行打乱。
#True表示打乱,False表示不打乱。
        else:
            transformed_dataset = MDataset(c = 'test', trans = trans_val)
            dataloader = DataLoader(transformed_dataset,
                        batch_size = 64,      #设置每次迭代需要的图像的数量,
#即mini_batchsize。
                        num_workers = 2,      #设置多线程加载数据。
                        shuffle = False)      #每个epoch加载完之后,是否将
#数据进行打乱。
#True表示打乱,False表示不打乱。
        return dataloader      #返回dataloader。
```

训练和验证模型实例代码及其注释说明：main. py

```python
#- * -coding:utf-8- * -
```

```
"""
Created on Mon Oct 22 10:19:26 2018
@author:xs15
"""
```

```
# =============================================================
# 加载所需要的库函数。
# =============================================================
import torch
from torch. backends import cudnn          # cudnn 进行 GPU 优化加速。
import dataload as data_loader          # import 数据记载部分。
import tqdm          # tqdm 表示进度条。
import time, os
import torch. nn as nn
import torchvision. models as models          # 加载需要的模型。
from sklearn. metrics import f1_score, recall_score, precision_score          # 加载需要的 f1-
# score、recall、precision 分数计算库。
# =============================================================
# 计算 f1-score。
# =============================================================
def Score(preds, target):          # 传入模型全连接层的输出和标签.
    preds = preds. max(1)[1]          # 在全连接层输出的值(shape = (batch size, class num))中
# 取每张图像预测的最大值,返回最大值的索引。
    preds = preds. cpu(). numpy(). tolist()          # 数据类型转换 tensor-> numpy-> list。
    target = target. cpu(). numpy(). tolist()          # 数据类型转换 tensor-> numpy-> list。
    score_f = f1_score(target, preds, average = 'macro')          # 计算 f1-socre。
    score_p = precision_score(target, preds, average = 'macro')          # 计算 precision。
    score_r = recall_score(target, preds, average = 'macro')          # 计算 recall。
    return score_f, score_p, score_r          # 返回计算值。


# =============================================================
# 计算和存储平均值和当前值。
# =============================================================
class AverageMeter(object):
    def __init__(self):          # 初始化。
        self. reset()          # 将所有数据清零。
    def reset(self):          # 将所有数据清零。
        self. val = 0
        self. avg = 0
        self. sum = 0
        self. count = 0
    def update(self, val, n = 1):          # 更新参数。
```

```
        self. val = val      #表示传入的参数。
        self. sum + = val * n      #将总数求和。
        self. count + = n      #累加迭代的次数。
        self. avg = self. sum/self. count      #求平均值。
# ======================================================================
# 开始训练。
# ======================================================================
    def Train(model, epoch, optimizer, criterion, DataLoader):      #传入需要的参数。
model. train()      #将模型设置为 train 的模式,表示需要后向传播。
# ======================================================================
# 初始化需要的参数。
# ======================================================================
        total = 0
        correct = 0. 0
        l = 0. 0
# ======================================================================
# 通过 AverageMeter() 来分别计算 f-score、recall、precision 的大小。
# ======================================================================
        f = AverageMeter()
        r = AverageMeter()
        p = AverageMeter()
    with tqdm. tqdm(total = len(DataLoader))as t:      #显示进度条。
        for j, sample in enumerate(DataLoader):      #迭代加载所有数据总量。
            input = sample[0]. cuda()      #将图像的 tensor 数据挂在 GPU 上。
            label = sample[1]. cuda()      #将图像的标签挂在 GPU 上。

            optimizer. zero_grad()      #清零优化器。
            output = model(input)      #将图像的 tensor 传入到模型中进行特征提
# 取,并输出预测值。

            score_f, score_p, score_r = Score(output, label)      #计算预测值的 f-score、
# precision、recall。
            f. update(score_f, input. size(0))      #求从第 1 次迭代到当前迭代的
# f-score 平均值。
            p. update(score_p, input. size(0))      #求从第 1 次迭代到当前迭代的
# precision 平均值。
            r. update(score_r, input. size(0))      #求从第 1 次迭代到当前迭代的
# recall 平均值。

            loss = criterion(output, label)      #计算损失函数。
            loss. backward()      #损失后向传播。
```

```
        l + = label. size(0) * loss. item()        #累加已经迭代的所有损失。
        optimizer. step()        #更新模型参数。
        _, predicted = torch. max(output. data, 1)        #得到预测值(类别)。


        total + = label. size(0)        #求从第1次迭代到当前迭代的所有图像数
#量之和。


        correct + = (predicted = = label). sum(). item()        #求预测准确的数量。
        #将所得到的结果在进度条上显示。
        t. set_postfix(Result = '{:05. 4f} | {:05. 4f}'. format(l/total, 100 * cor-
rect/total))
        t. update()        #更新进度条。
        acc = 100 * correct/total        #计算一个 epoch 之后的平均精度。
        l/ = total        #计算一个 epoch 之后的平均损失函数。
    #打印出结果。
        print('Train Accuracy Num:{} % | Loss:{:. 4f}'. format(acc, l))
        print('F-acore:{:. 4f} | Pre:{:. 4f} | Rec:{:. 4f}'. format(f. avg, p. avg, r. avg))
        return model, round(l, 4), acc, f. avg, p. avg, r. avg        #返回需要的结果。


#═══════════════════════════════════════════════════════
#对训练的模型进行验证。
#═══════════════════════════════════════════════════════
    def Val(model, criterion, DataLoader):        #传入需要的参数。
        model. eval()        #将模型设置为 eval 的模式,表示不需要后向传播。
#═══════════════════════════════════════════════════════
#初始化需要的参数。
#═══════════════════════════════════════════════════════
        total = 0
        correct = 0. 0
        l = 0. 0
#═══════════════════════════════════════════════════════
#通过 AverageMeter() 来分别计算 f-score、recall、precision 的大小。
#═══════════════════════════════════════════════════════
        f = AverageMeter()
        r = AverageMeter()
        p = AverageMeter()
    #用 no_grad 这个上下文管理器,在作用域内只做计算,不记录计算图。
    with torch. no_grad():
        for j, sample in enumerate(DataLoader):        #迭代加载所有数据总量。
            input = sample[0]. cuda()        #将图像的 tensor 数据挂在 GPU 上。
            label = sample[1]. cuda()        #将图像的标签挂在 GPU 上。
```

```
        output = model(input)
        score_f, score_p, score_r = Score(output, label)      #计算预测值的 f-score、
#precision、recall。
        f.update(score_f, input.size(0))      #求从第 1 次迭代到当前迭代的 f-score
#平均值。
        p.update(score_p, input.size(0))      #求从第 1 次迭代到当前迭代的 pre-
#cision 平均值。
        r.update(score_r, input.size(0))      #求从第 1 次迭代到当前迭代的 recall
#平均值。
        loss = criterion(output, label)      #计算损失函数。
        l += label.size(0) * loss.item()      #累加已经迭代的所有损失。
        _, predicted = torch.max(output.data, 1)      #得到预测值(类别)。
        total += label.size(0)      #求从第 1 次迭代到当前迭代的所有图像数量之和。
        correct += (predicted == label).sum().item()      #求预测准确的数量。
        acc = 100 * correct/total      #计算一个 epoch 之后的平均精度。
        l /= total      #计算一个 epoch 之后的平均损失函数。
#打印出结果。
    print('Val Accuracy Num:{} % | Loss:{:.4f}'.format(acc, l))
    print('F-acore:{:.4f} | Pre:{:.4f} | Rec:{:.4f}'.format(f.avg, p.avg, r.avg))
    return round(l, 4), acc, f.avg, p.avg, r.avg      #返回需要的结果。


if _name_ == '__main__':
        cls = 45      #表示数据集中类别的总数量。
        epoch_num = 100      #表示训练的周期。
        datetime = time.strftime('%Y%m%d_%H%M')      #获得当前时间点。
        storepath = 'CRNN/' + datetime      #设置模型参数的存储路径。
        cudnn.benchmark = True      #设置 cudnn 进行加速计算。
        net = models.resnet18()      #获得模型,本例采用 resnet18()。
        in_dim = net.fc.in_features      #获得模型全连接层的输入神经元个数。
        net.fc = nn.Linear(in_dim, cls)      #由于我们只有 45 个类,为此重新定
#义一个全连接层 fc,输出为 45。
        net = net.cuda()      #将模型挂在到 GPU 上加速计算。
        criterion = torch.nn.CrossEntropyLoss().cuda()      #设置损失函数,本
#例采用交叉熵损失函数。
        optimizer = torch.optim.SGD(net.parameters(),      #设置优化器 SGD。
                                    lr = 0.1,      #设置学习率为 0.1。
                                    weight_decay = 0.0005,      #设置权值衰减。
                                    momentum = 0.9)      #设置动量参数。

        trainDataLoader = data_loader.load(c = 'train')      #设置训练集的迭代器。
        valDataLoader = data_loader.load(c = 'val')      #设置验证集的迭代器。
```

```python
for epoch in range(epoch_num):          #表示需要训练的周期。
    print('Epoch [{}/{}]'.format(epoch + 1, epoch_num + 1))       #打印当前周期。
    #调用训练函数对模型进行训练。
    net, train_loss, train_acc, f, p, r = Train(net, epoch, optimizer, criterion, train-
    DataLoader)
    print('--Val. ')
    #调用验证函数对模型进行验证。
    val_loss, val_acc, f_, p_, r_ = Val(net, criterion, valDataLoader)
    #如果验证集超过90%,就对当前的权重参数进行保存。
    if val_acc > 90:
        if not os.path.exists(storepath):       #如果不存在需要的文件夹,就新建一个
        #文件夹。
            os.mkdir(storepath)
            #保存权重参数。
            torch.save(net.state_dict(), './{}/model_{:.4f}.pth'.format(store-
path, val_acc))
            print('save model! The Accruacy {:.4f} %'.format(val_acc))        #提示参数
        #已经保存。
```

第18章 皮肤癌变类识别实例

18.1 实例背景

　　黑色素瘤是近年来增长最快的一种癌症之一，如发现得早，五年存活率为 95％ 以上；若发现得晚，五年存活率为 5％ 以下。对皮肤癌变的准确检测，有助于黑色素瘤的早期治疗，有效地减少黑色素瘤的致死率。近年来，基于皮肤镜技术的黑色素瘤自动诊断技术在医疗检测中发挥着重要作用，受到了人们的广泛关注。本章实例就是基于深度学习和图像处理技术实现对黑色素瘤识别的方法。本例数据实验数据下载地址：https：// challenge. kitware. com /＃challenge/560d7856cad3a57cfde481ba。在实例中，我们需要的图片只有两类，一类是黑色素瘤图片，一类是非黑色素瘤图片。样本示例如图 18-1 所示。

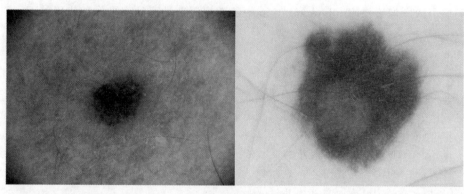

(a) 非黑色素瘤图片

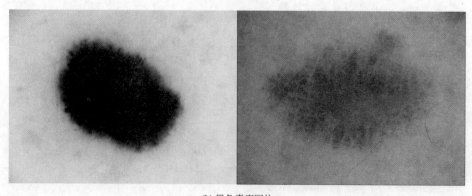

(b) 黑色素瘤图片

图 18-1　样本示例图片

18.2 实例要求

　　要求采用 Keras 深度学习框架，调用经典的深度学习模型以及图像处理技术实现黑色素瘤识别。学会数据预处理方法，数据加载、神经模型的微调、模型训练参数的选择以及输出结果打印等方法。这里也希望通过本实例让读者能够根据自己的需求来训练不同的数据集。

18.3 任务步骤

本节主要讲述实现任务的 6 个基本步骤，包括数据加载与预处理、模型调用与修改、模型构建与参数设定、模型训练与验证、Callback 函数调用以及中间结果的打印。

18.3.1 数据加载与预处理

数据加载是实现模型训练的前提，那么如何加载数据是一种必备的技能。本实例采用的是通过构建一个数据迭代器 Datagenerator 来实现数据的读取与加载，这样的好处就是被训练的数据不会占用内存，只有当用到的时候才会被读取。另外通过 OpenCV 库来实现图像的读取，因此还需要 "import cv2" 导入 OpenCV 库。引入 sklearn 库，对数据做顺序打乱操作，形成随机挑选。因为 Keras 是使用 NumPy 中的数组形式作为数据的源形式，所以在变换中还要通过 "import numpy as np" 引入 NumPy 库。因为我们需要对图像做预处理，所以我们要引入图像增强库 albumentation 中的常规深度学习处理操作，代码如下：

```
import cv2
import os
from sklearn.utils import shuffle
import numpy as np
from albumentations import(
        PadIfNeeded,    #将图片填充至固定形状。
        HorizontalFlip,    #将图片水平翻转。
        VerticalFlip,    #将图片垂直翻转。
        CenterCrop,    #中心剪裁图片。
        Transpose,    #将图片进行转置。
        RandomRotate90,    #将图片进行旋转。
        ShiftScaleRotate,    #将图片进行放大、缩小、平移、翻转。
        ElasticTransform,    #进行图像弹性扭曲。
        GridDistortion,    #进行图像网格扭曲。
        OpticalDistortion,    #进行图像光学扭曲。
        RandomSizedCrop,    #随机尺寸的裁剪。
        CLAHE,    #进行图片对比度限制性自适应直方图均衡化。
        RandomContrast,    #随机对比色拉伸。
        RandomGamma,    #随机 Gamma 矫正。
        RandomBrightness,    #随机明度拉伸。
)
```

接下来就是读取数据，通过定义一个 class 类来定义数据迭代器。代码如下：

```
class datagenerator_2017_classification:
    #
```

＃类内初始化,输入的参数有训练集路径、验证集路径、每步迭代批次数量、图像大小以及是
＃否进行图像增强。输出的量为训练集数据迭代器与验证集数据迭代器。

＃ ═══

```
    def _init_(self,train_path,val_path,batch_size,shape,augment_mode):
        self. train_path = train_path      ＃训练集数据路径。
        self. val_path = val_path      ＃验证集数据路径。
        self. batch_size = batch_size      ＃每步迭代批次数量。
        self. shape = shape      ＃图片的大小。
        self. augment_mode = augment_mode      ＃是否进行图像增强。
```

＃ ═══

＃定义一个函数 load_image(),用于读取图像数据与改变图片大小。

＃ ═══

```
    def load_image(self,path,shape):
        img = cv2. imread(path)      ＃使用 cv2. imread()读取图片,返回 RGB 形式的数组。
        img = cv2. resize(img,(shape[0],shape[1]))      ＃使用 cv2. resize()改变图像大小。
        return img
```

＃ ═══

＃定义一个函数 augment_flip(),用于定义数据增强模式。本例中的模式为水平与垂直翻转。

＃ ═══

```
    def augment_flip(self,p = .5):
        return  Compose([
        VerticalFlip(p = 0.5),      ＃对图片进行垂直翻转操作,概率为 0.5。
        HorizontalFlip(p = 0.5),      ＃对图片进行水平翻转操作,概率为 0.5。
        ShiftScaleRotate(shift_limit = 0.0625,scale_limit = 0.50,rotate_limit = 10,p =
        0.5),      ＃对图片进行随机平移、缩放和旋转,概率为 0.5。
        RandomRotate90(p = 0.5),      ＃对图片进行随机旋转,概率为 0.5。
        RandomContrast(p = 0.8),      ＃对图片进行随机对比度拉伸,概率为 0.8。
        RandomBrightness(p = 0.8),      ＃对图片进行随机明度拉伸,概率为 0.8。
        RandomGamma(p = 0.8),      ＃对图片进行随机 Gamma 矫正,概率为 0.8。
        ],p = p)      ＃p 为进行数据增强的概率。
```

＃ ═══

＃定义一个函数 augment(),用于数据增强。若进行数据增强则调用 augment_flip()函数。

＃ ═══

```
    def augment(self,image,mask):
        augmented = self. augment_flips()      ＃调用 augment_flips()函数,赋予其变量名
＃augmented。
        image = augmented(image = image)['image']      ＃对图像进行数据增强。
        return image      ＃返回增强后的图片。
```

＃ ═══

＃定义一个函数进行构建可循环数据迭代器。

＃ ═══

```python
    def create_datagenerator(self, path, data_info, batch_size, shape, augment = 1):
        while True:
            dataset_info = shuffle(data_info)      # 对所有装有数据名字的类别
# 进行打乱, 进行随机抽样。
            for start in range(0, len(dataset_info), batch_size):      # 对所有数
# 据进行有序循环采样, 保证每个数据都被用于训练迭代。
                end = min(start + batch_size, len(dataset_info))      # 每一步迭代的
# 图片数量大小为 batch_size。
                batch_images = []      # 进行完一次迭代, 初始化图片列表。
                batch_labels = []      # 进行完一次迭代, 初始化标签列表。
                x_train_batch = dataset_info[start:end]      # 选取本次用于训练迭代的图片。

                for i in range(len(x_train_batch)):
                    image = self.load_image(os.path.join(path, x_train_batch[i]), shape)
                    # 对选取的图片进行读取。
                    label = float(x_train_batch[i].split('_')[-1][0])      # 获取相应图片
                    # 的标签。

                    if augment:
                        image = self.augment(image, label)      # 若进行图片增强, 则调用
# augment() 函数。
                    batch_images.append(image)      # 图片列表添加读取后的图片数组。
                    batch_labels.append(label)      # 标签列表添加读取后的标签数组。
                    labels = keras.utils.to_categorical(np.expand_dims(np.array(batch_
labels), axis = -1), 7)      # 将标签转换为 one-hot 形式。
                    yield np.array(batch_images, np.uint8)/255, labels      # 返回训练图
                    # 片与相应的标签。
# ================================================================
# 定义一个数据处理的主函数, 返回一个训练集数据迭代器和一个验证集数据迭代器。
# ================================================================
    def load_data(self):
        train_info = os.listdir(self.train_path)      # 获取训练集路径的图片位置信息。
        val_info = os.listdir(self.val_path)      # 获取验证集路径的图片位置信息。
        train_generator = self.create_datagenerator(self.train_path, train_info,
        self.batch_size, self.shape, self.augment_mode)      # 构建训练集数据迭代器。
        val_generator = self.create_datagenerator(self.val_path, val_info, self.batch_
        size, self.shape, self.augment_mode)      # 构建验证集数据迭代器。
        return train_generator, val_generator
```

通过构建一个数据迭代器就可以实现实例数据的读取, 其中还包括使用 OpenCV 对图像文件的读取, 采用 ablumentation 库中的图像操作对图像进行预处理。

18.3.2 模型调用与修改

Keras 已经为开发人员搭建好了当今比较流行的深度学习模型，比如 Densenet 系列、Res-Net 系列、SENet 系列以及 Inception 系列等。这些经典的模型都存放在 keras. applications 当中，可以通过"from keras. application import InceptionV3，DenseNet121，SEResNext"来实现模型的导入。代码如下：

```
base_model = InceptionV3()
base_model = DenseNet121()
base_model = SEResNet()
```

另外这些模型都是在 ImageNet 上训练完成的。因为 ImageNet 中的物体类别有 1000 类，所以最后一层都是 1000 个神经元，这意味着，大多数情况下，我们是无法直接使用这些预训练好的模型的，那么就要对最后一层神经元进行修改。比如，本实例需要实现 2 个类别的分类，那么最后一层神经元就需要修改为 2。代码如下：

```
x = base_model. output      #获取模型最后一个卷积层的输出特征。
x = GlobalAveragePooling2D()(x)      #进行全局平均池化操作。
pred = Dense(num_class,activation = 'softmax')(x)      #用于微调 DCNN 模型的输出层,用于训练自
#己的数据集,num_class = 2,代表两类。
```

18.3.3 模型构建与参数设定

Keras 构建模型完成时，还需要进行 compile()操作，通过汇编形成静态图再进行迭代训练，所以需要提前设置好设计模型内部训练时候的一些参数。Model. compile（optimizer，loss，metrics）主要有以下参数。

（1）optimizer（优化器）

本实例采用 SGD 优化器，其中需要必要的超参数为学习率，可以修改的超参数包括 weight_decay、momentum 等，以下参数的设置都是根据实际经验设置的超参数。代码如下：

```
optimizer = keras. optimizer. SGD (      #设置优化器 SGD。
                          lr = 0.1,      #设置初始学习率为 0.1。
                          weight_decay = 0.0005,      #设置权值衰减。
                          momentum = 0.9)      #设置动量参数。
```

（2）loss（损失函数）

本实例采用交叉熵损失函数。代码如下：

```
Loss = keras. loss. categorical_crossentropy()
```

（3）metrics（度量）

本实例使用精度 accuracy 作为分类性能的观察指标，代码如下：

```
Model. compile(metrics = ['accuracy'])
```

18.3.4 模型训练与验证

训练深度学习模型需要较深的实践基础和经验，大部分模型参数都需要手动调试，

因此深度学习模型调参也是一个非常重要的过程。Keras 中将模型的训练与验证高度集成，只需要模型调用一个函数即可完成这两步操作，因为我们使用数据迭代器进行数据的加载，所以调用 fit_generator() 函数训练模型，其中的 history() 是一个字典形式的类函数，里面保存着每个周期返回的 loss 与 accuracy，可用于后期观察模型的 loss 曲线与 accuracy 曲线。

```
history = model.fit_generator(train_generator,        # 训练集数据迭代器。
    steps_per_epoch = len(os.listdir(train_dir))//batch_size,        # 训练时每一个 epoch 迭
    # 代的次数。
    validation_data = val_generator,        # 验证集数据迭代器。
    validation_steps = len(os.listdir(val_dir)),        # 验证时,每一个 epoch 迭代的次数。
    epochs = epoch,        # 训练周期。
    callbacks = snapshot.get_callbacks(),        # 调用 Callback 函数。
    verbose = 1)        # 显示每一次训练的细节。
```

18.3.5 Callback 函数调用

Keras 中的 Callback 函数的作用非常大，学习率变化策略、模型保存、以前其他训练策略的调用等都是通过 Callback 函数调用来完成的。我们通过定义一个 SnapshotCallbackBuider 类来将我们所需要调用等都是通过 Callback 类函数进行集成调用。

```
class SnapshotCallbackBuilder:

# ===========================================================
# 定义一个类内初始化函数,进行初始化参数。
# ===========================================================
    def _init_(self,nb_epochs,size,,init_lr = 0.01,cosine = True,model_name = 'No',data_
    mode = 'No'):
        self.T = nb_epochs        # 总的训练周期。
        self.size = size        # 尺寸大小,用于区别不同尺寸图片训练保存的权重。
        self.alpha_zero = init_lr        # 初始的学习率。
        self.cosine = cosine        # 是否进行余弦退火学习率下降策略。
        self.model_name = model_name        # 模型名字,用于区别不同模型保存的权重。
        self.data_mode = data_mode        # 数据模式名字。


# ===========================================================
# 定义一个函数 get_callbacks(),训练策略调用。
# ===========================================================
    def get_callbacks(self,model_prefix = 'Model'):
        callback_list = [
                    callbacks.ModelCheckpoint("./keras_{}_{}_{}.model".format
                    (self.data_mode,self.size,self.model_name),monitor = 'val_loss
                    ',mode = 'min',save_best_only = True,verbose = 1),        # 保存在验
                    # 证集上损失函数最小的周期的权重。
                    callbacks.ModelCheckpoint("./keras_acc_{}_{}_{}.model".for-
```

```
                    mat(self. data_mode, self. size, self. model_name), monitor = 'val_
                    acc', mode = 'max', save_best_only = True, verbose = 1),      #保存
                    #在验证集上精度最高的周期的权重。
                swa        #使用随机加权平均策略。
            ]
        if self. cosine:
            callback_list. append(callbacks. LearningRateScheduler(schedule = self. _co-
            sine_anneal_schedule))
                return callback_list      #采用余弦退火学习率下降策略。
```

#═══

#定义一个初始化函数 cosine_anneal_schedule(),余弦退火学习率下降,输入参数为 t,为当
#前训练周期,输出量为当前训练周期的学习率。

#═══

```
    def _cosine_anneal_schedule(self, t):      #此处只要能理解余弦退火公式即可。
        cos_inner = np. pi * (t % (self. T))
        cos_inner/ = self. T
        cos_out = np. cos(cos_inner) + 1
        print('learning rate:{}'. format(float(self. alpha_zero/2 * cos_out)))
        return float(self. alpha_zero/2 * cos_out)
```

18. 3. 6 中间结果的打印

Keras 是一个高度集成模块,一旦可以训练,模型会自动打印出我们定义的损失函数以及分类性能度量。图 18-2 为模块训练曲线图。

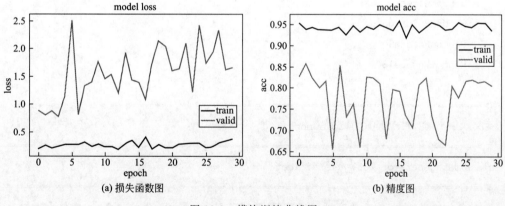

图 18-2 模块训练曲线图

18.4 实例代码

数据加载以及数据增强部分 datagen. py

#═══

#先将需要用到的库 import 进来。

```python
# ════════════════════════════════════════════════════════
import cv2
import os
from sklearn. utils import shuffle
import numpy as np
import keras
from albumentations import(
    PadIfNeeded,
    HorizontalFlip,
    VerticalFlip,
    CenterCrop,
    Crop,
    Compose,
    Transpose,
    RandomRotate90,
    ShiftScaleRotate,
    ElasticTransform,
    GridDistortion,
    OpticalDistortion,
    RandomSizedCrop,
    OneOf,
    CLAHE,
    RandomContrast,
    RandomGamma,
    RandomBrightness,
    RandomRotate90,
    RandomRotate180,
)
# ════════════════════════════════════════════════════════
# 定义一个类,用于加载自己的数据。
# ════════════════════════════════════════════════════════
class datagenerator_2017_classification:
# ════════════════════════════════════════════════════════
# 类内初始化,输入的参数有训练集路径、验证集路径、每步迭代批次数量、图像大小以及是
# 否进行图像增强。输出的量为训练集数据迭代器与验证集数据迭代器。
# ════════════════════════════════════════════════════════
    def _init_(self, train_path, val_path, batch_size, shape, augment_mode):
        self. train_path = train_path      # 训练集数据路径。
        self. val_path = val_path       # 验证集数据路径。
        self. batch_size = batch_size       # 每步迭代批次数量。
        self. shape = shape        # 图片的大小。
```

```
        self.augment_mode = augment_mode        #是否进行图像增强。
#========================================================================
#定义一个函数 load_image(),用于读取图像数据与改变图片大小。
#========================================================================
    def load_image(self,path,shape):
        img = cv2.imread(path)
        img = cv2.resize(img,(shape[0],shape[1]))
        return img
#========================================================================
#定义一个函数 augment_flip(),用于定义数据增强模式。本例中的模式为水平翻转与垂直
#翻转。
#========================================================================

    def augment_flip(self,p = .5):
            return   Compose([
                VerticalFlip(p = 0.5),        #对图片进行垂直翻转操作,概率为 0.5。
                HorizontalFlip(p = 0.5),      #对图片进行水平翻转操作,概率为 0.5。
                ShiftScaleRotate(shift_limit = 0.0625,scale_limit = 0.50,rotate_limit
                = 10,p = 0.5),      #对图片进行随机平移、缩放和旋转,概率为 0.5。
                RandomRotate90(p = 0.5),      #对图片进行随机旋转,概率为 0.5。
                RandomContrast(p = 0.8),      #对图片进行随机对比度拉伸,概率为 0.8。
                RandomBrightness(p = 0.8),    #对图片进行随机透明度拉伸,概率为 0.8。
                RandomGamma(p = 0.8),         #对图片进行随机 Gamma 矫正,概率为 0.8。
                ],p = p)      #p 为进行数据增强的概率。
#========================================================================
#定义一个函数 augment(),用于数据增强。若进行数据增强则调用 augment_flip()函数。
#========================================================================
    def augment(self,image,mask):
        augmented = self.augment_flips()       #调用 augment_flips()函数,赋予其变量名
#augmented。
        image = augmented(image = image)['image']       #对图像进行数据增强。
        return image       #返回增强后的图片。
#========================================================================
#定义一个函数进行构建可循环数据迭代器。
#========================================================================
    def create_datagenerator(self,path,data_info,batch_size,shape,augment = 1):
        while True:
            dataset_info = shuffle(data_info)       #将所有装有数据名字的类别打乱,
#进行随机抽样。
                for start in range(0,len(dataset_info),batch_size):       #对所有数据
#进行有序循环采样,保证每个数据都被用于训练迭代。
```

```
                end = min(start + batch_size, len(dataset_info))      #每一步迭代的
#图片数量大小为 batch_size。
                batch_images = []      #进行完一次迭代,初始化图片列表。
                batch_labels = []      #进行完一次迭代,初始化标签列表。
                x_train_batch = dataset_info[start:end]      #选取本次用于训练迭代的
#图片。

                for i in range(len(x_train_batch)):
                    image = self.load_image(os.path.join(path, x_train_batch[i]),
                    shape)      #对选取的图片进行读取。
                    label = float(x_train_batch[i].split('_')[-1][0])      #获取相应
#图片的标签。

                    if augment:
                        image = self.augment(image, label)      #若进行图片增强,则调用
#augment()函数。
                    batch_images.append(image)      #图片列表添加读取后的图片数组。
                    batch_labels.append(label)      #标签列表添加读取后的标签数组。
                    labels = keras.utils.to_categorical(np.expand_dims(np.array
(batch_labels), axis = -1), 7)      #将标签转换为 one-hot 形式。
                    yield np.array(batch_images, np.uint8)/255, labels      #返回训
#练图片与相应的标签。
#============================================================
#定义一个数据处理的主函数,返回一个训练集数据迭代器和一个验证集数据迭代器。
#============================================================
    def load_data(self):
        train_info = os.listdir(self.train_path)      #获取训练集路径的图片位置信息。
        val_info = os.listdir(self.val_path)      #获取验证集路径的图片位置信息。
        train_generator = self.create_datagenerator(self.train_path, train_info, self.batch
        _size, self.shape, self.augment_mode)      #构建训练集数据迭代器。
        val_generator = self.create_datagenerator(self.val_path, val_info, self.batch_
        size, self.shape, self.augment_mode)      #构建验证集数据迭代器。
        return train_generator, val_generator
```

数据加载以及数据增强部分 model. py

```
#============================================================
#先将需要用到的库 import 进来。
#============================================================
import matplotlib.pyplot as plt
from keras.applications.resnet50 import ResNet50
from keras.applications.nasnet import NASNetMobile
```

```python
from keras. applications. xception import Xception
from keras. applications. densenet import DenseNet121, DenseNet169, DenseNet201
from keras. applications. inception_resnet_v2 import InceptionResNetV2
from keras. applications. inception_v3 import InceptionV3
from keras. models import Model
from keras. layers import Lambda, Embedding, SeparableConv2D, Conv2D, Dense, Flatten, Drop-
out, Activation, BatchNormalization, GlobalAveragePooling2D, GlobalMaxPooling2D, Concat-
enate, Add, Input
from keras. layers import  AveragePooling2D, MaxPooling2D
from keras. optimizers import Adam, SGD
from sklearn. metrics import roc_curve, auc, roc_auc_score
from optimzers import *
import keras. backend as K
from classification_ models. senet import SEResNeXt50, SEResNeXt101, SEResNet50, SERes-
Net101, SEResNet152
from keras_applications. imagenet_utils import _obtain_input_shape
from keras_applications. imagenet_utils import decode_predictions
from keras_applications. resnet_v2 import ResNet50V2
from keras_applications. resnext import ResNeXt50
from keras. applications. mobilenet_v2 import MobileNetV2
from xception_model import *
from keras import layers
from keras. utils import multi_gpu_model
import tensorflow as tf
from keras. engine. topology import Layer
import inceptionv4 as inception_v4
```

```python
#===============================================
#构建一个函数 DCNN_Build(),用于建立不同的 DCNN 模型。输入参数有 model_name,用于选
#择不同的 DCNN 模型;num_class,决定图片所需要分的类别有几类;optim,用于选择不用的
#优化器;loss,用于选择不用的损失函数;weights,决定是否对 Imagenet 上的预训练权重进
#行初始化。
#===============================================

    def DCNN_Build(model_name, num_class, optim, loss, weights = 'imagenet'):

        if model_name == 'InceptionV3':      #如果 model_name == InceptionV3,则构建
#InceptionV3 模型。
            base_model = InceptionV3(weights = weights, include_top = False)
        elif model_name == 'DenseNet121':      #如果 model_name == DenseNet121,则构
#建 DenseNet121 模型。
```

```
                base_model = DenseNet121(weights = weights, include_top = False)
        elif model_name = = 'SERESNEXT50': #如果 model_name = = DenseNet121,则构建
#DenseNet121 模型。
                base_model = SEResNeXt50(input_shape = (None, None, 3), weights =
                weights, include_top = False)


        x = base_model.output
        x = GlobalAveragePooling2D()(x)
        pred = Dense(num_class, activation = 'softmax')(x)      #用于微调 DCNN 模型的输
#出层,用于训练自己的数据集。
        model = Model(inputs = base_model.input, outputs = pred)      #完成模型构建。
        model.compile(optim, loss = loss, metrics = ['acc'])      #对模型进行编译,Keras
#中不编译模型,模型不能训练。
        return model    #返回编译好的模型。
```

训练与测试的主程序部分 main.py

```
#=================================================================
#先将需要用到的库 import 进来,也将我们自己定义的库 import 进来。
#=================================================================
import os
from keras import callbacks
import keras
from keras.models import Model
#print(keras.__version__)
from datagen import *
from model import *
from loss import *
from callbacks import  SWA
import matplotlib.pyplot as plt
from tqdm import tqdm
import cv2
import numpy as np
from sklearn.metrics import roc_curve, auc, roc_auc_score
from sklearn.metrics import precision_recall_curve
import matplotlib.pyplot as plt
from sklearn.utils.fixes import signature
from sklearn.metrics import average_precision_score
from keras.optimizers import SGD, Adam
from keras.layers import Dense
import tensorflow as tf
os.environ['CUDA_VISIBLE_DEVICES'] = '1'
from keras.utils import multi_gpu_model
```

```python
import keras. backend as K
from utils import *
#===========================================================================
#定义一个函数 plot(),将我们训练的曲线画出来,包括损失函数曲线与精度曲线。
#===========================================================================
    def plot(history):
        plt. plot(history. history['loss'], label = 'train')      #画训练集上的 loss 曲线。
        plt. plot(history. history['val_loss'], label = 'valid')      #画验证集上的 loss 曲线。
        plt. title("model loss")      #给整张图取个名字叫"model loss"。
        plt. ylabel("loss")      #给 Y 轴取名"loss"。
        plt. xlabel("epoch")      #给 X 轴取名"epoch"。
        plt. legend(["train", "valid"], loc = "upper left")      #在左上角显示图例。
        plt. savefig('loss_performance_boost. png')      #保存该图。
        plt. clf()      #清除画布,重新画另一张图。
        plt. plot(history. history['acc'], label = 'train')      #画训练集上的 acc 曲线。
        plt. plot(history. history['val_acc'], label = 'valid')      #画验证集上的 acc 曲线。
        plt. title("model acc")      #给整张图取个名字叫"model acc"。
        plt. ylabel("acc")      #给 Y 轴取名"acc"。
        plt. xlabel("epoch")      #给 X 轴取名"epoch"。
        plt. legend(["train", "valid"], loc = "upper left")      #在左上角显示图例。
        plt. savefig('acc_performance_boost. png')      #保存该图。


#===========================================================================
#定义一个函数 train()用于训练,超参数均在此函数中设置。
#===========================================================================
def train(data_mode):
#===========================================================================
#定义一个类 SnapshotCallbackBuilder,用于集成很多训练时的小策略,如余弦退火学习率
#下降,保存验证集上的最优权重、动态权重平均等。
#===========================================================================
    class SnapshotCallbackBuilder:
#===========================================================================
#定义一个类内初始化函数,进行初始化参数。
#===========================================================================
        def _init_(self, nb_epochs, size, , init_lr = 0. 01, cosine = True, model_name = 'No',
data_mode = 'No'):
            self. T = nb_epochs      #总的训练周期。
            self. size = size      #尺寸大小,用于区别不同尺寸图片训练保存的权重。
            self. alpha_zero = init_lr      #初始的学习率。
            self. cosine = cosine      #是否进行余弦退火学习率下降策略。
            self. model_name = model_name      #模型名字,用于区别不同模型保存的权重。
```

```python
        self.data_mode = data_mode      #数据模式名字。
```

#==
#定义一个函数 get_callbacks(),训练策略调用。
#==

```python
    def get_callbacks(self, model_prefix = 'Model'):
        callback_list = [callbacks.ModelCheckpoint("./keras_{}_{}_{}.model".format
        (self.data_mode, self.size, self.model_name), monitor = 'val_loss', mode = 'min',
        save_best_only = True, verbose = 1),      #保存在验证集上损失函数最小的周期
        的权重。
        callbacks.ModelCheckpoint("./keras_acc_{}_{}_{}.model".format(self.data_mode,
        self.size, self.model_name), monitor = 'val_acc', mode = 'max', save_best_only = True,
        verbose = 1)    #保存在验证集上精度最高的周期的权重。
            swa      #使用随机加权平均策略。
        ]
            if self.cosine:
                callback_list.append(callbacks.LearningRateScheduler(schedule
                = self._cosine_anneal_schedule))
                return callback_list      #采用余弦退火学习率下降策略。
```

#==
#定义一个初始化函数 cosine_anneal_schedule(),余弦退火学习率下降,输入参数为 t,为当
#前训练周期,输出量为当前训练周期的学习率。
#==

```python
    def _cosine_anneal_schedule(self, t):      #此处只要能理解余弦退火公式即可。
        cos_inner = np.pi * (t % (self.T))
        cos_inner/ = self.T
        cos_out = np.cos(cos_inner) + 1
        print('learning rate:{}'.format(float(self.alpha_zero/2 * cos_out)))
        return float(self.alpha_zero/2 * cos_out)
```

#==
#定义一个类 SWA(Stochastic Weights Averaging)进行动态加权平均策略。
#==

```python
class SWA(keras.callbacks.Callback):
```

#==
#定义一个初始化函数,进行参数初始化。
#==

```python
    def _init_(self, filepath, last_file_path, swa_epoch):
        super(SWA, self)._init_()
        self.filepath = filepath      #存放 SWA 的权重路径。
        self.swa_epoch = swa_epoch      #选定 SWA 的 epoch,在这个周期之后的每个周
#期的权重都会加权平均。
        self.last_path = last_file_path      #存放最后一个周期的权重路径.
```

```
# ══════════════════════════════════════════════════════════════════
# 定义一个函数 on_train_begin(),这是 Keras 调用 Callback 类的形式,定义训练开始的设置。
# ══════════════════════════════════════════════════════════════════
        def on_train_begin(self, logs = None):
            self. nb_epoch = self. params['epochs']        #从参数中获取总共训练周期为多少。
            print('Stochastic weight averaging selected for last {} epochs. '
                  . format(self. nb_epoch-self. swa_epoch))        #输出我们将在最后第几
# 个周期开始进行 SWA。
# ══════════════════════════════════════════════════════════════════
# 定义一个函数 on_epoch_end(),这是 Keras 调用 Callback 类的形式,定义每个周期迭代完的设置。
# ══════════════════════════════════════════════════════════════════
        def on_epoch_end(self, epoch, logs = None):
            if epoch = = self. swa_epoch:
                self. swa_weights = self. model. get_weights()        #获取设定的 SWA 周期
# 的权重。

                elif epoch>self. swa_epoch:        #当所在周期大于 SWA 周期,对其进行动态权重平均。
                    for i in range(len(self. swa_weights)):        #遍历模型的每一层 layer。
                        self. swa_weights[i] = (self. swa_weights[i] *
                        (epoch-self. swa_epoch) + self. model. get_weights()[i])/((epoch-
                        self. swa_epoch) + 1)        #对模型的每一层权重逐层动态平均。
# ══════════════════════════════════════════════════════════════════
# 定义一个函数 on_train_end(),这是 Keras 调用 Callback 类的形式,定义训练结束时的设置。
# ══════════════════════════════════════════════════════════════════
        def on_train_end(self, logs = None):
            self. model. save_weights(self. last_path)        #保存最后一个周期的权重。
            print('Saving Final Model Weights ...')
            self. model. set_weights(self. swa_weights)        #读取动态权重平均后的权重。
            print('Final model parameters set to stochastic weight average. ')
            self. model. save_weights(self. file_path)        #保存动态权重平均后的权重。


# -------- data mode --------#选择不同的图片模式进行训练,每个图片的模式都在不同的路
# 径下。
if data_mode = = 'downscale':        #选择 downscale 图片进行训练。
    train_dir = '.. /dataset/train_512/'
    val_dir = '.. /dataset/val_512/'
elif data_mode = = 'single_crop':        #选择 single_crop 图片进行训练。
    train_dir = '.. /dataset/crop/single_crop/train/'
    val_dir = '.. /dataset/crop/single_crop/val/'
elif data_mode = = 'multi_center_crop':        #选择 multi_center_crop 图片进行训练。
    train_dir = '.. /dataset/crop/multi_center_crop/train/'
```

```
    val_dir = '. . /dataset/crop/multi_center_crop/val/'


#--------Building Model--------       #构建模型的超参数选择。
num_class = 7       #总共的皮肤病变分为七类。
optim = get_optim()      #得到优化器。
loss = categorical_loss       #多分类交叉熵损失函数。
model_name_list = ['InceptionV3', 'DenseNet121', 'SERESNEXT50']      #三个模型的列表。
model_name = model_name_list[2]      #选择 SERESNEXT50 进行训练。
print('Building {} Model'. format(model_name))
model = DCNN_Build(model_name, num_class, optim, loss, weights = 'imagenet')      #构建模型。
print('Done!')
print('\n')
#model. summary()这个函数的调用可以显示出模型的结构。



#--------Loading Generator--------#构建数据迭代器的超参数选择。
print('Loading Dataset')
print("train_dir:{}". format(train_dir))
print("val_dir:{}". format(val_dir))
batch_size = 40      #每一次迭代的批次大小为 40。
shape = (224, 224)      #训练图片的大小为 224 × 224。
augment_mode = 1      #采用数据增强模式。
Datagenerator = datagenerator_2017_classification(train_dir, val_dir, batch_size,
shape, augment_mode)
train_generator, val_generator = Datagenerator. load_data()      #构建训练集数据迭代器,
    #验证集数据迭代器。
print('Done!')
print('\n')


#--------Training of size 224 × 224 × 3--------
train_224 = 1      #选取图片大小为 224 × 224 的训练模式。
train_384 = 1      #选取图片大小为 384 × 384 的训练模式。
epoch = 50      #训练的周期为 50。


if train_224:
    print('Begin to 224x224x3 {} training'. format(data_mode))
    swa = SWA('. /{}_{}_{}_{}_swa. model'. format(model_name, epoch, shape[0], data_mode),
    '. /{}_{}_{}_{}_lase. model'. format(model_name, epoch, shape[0], data_mode), epoch-15)
    #构建动态权重平均函数。
    snapshot = SnapshotCallbackBuilder(nb_epochs = 100, nb_snapshots = 1, size = shape
    [0], init_lr = 1e-2, cosine = True, model_name = model_name, data_mode = data_mode)
```

```
# 构建一系列训练策略 Callback 函数。
    history = model. fit_generator(train_generator,      # 训练集数据迭代器。
                          steps_per_epoch = len(os. listdir(train_dir))//batch_size,
# 训练时每一个 epoch 迭代多少次。
                          validation_data = val_generator, # 验证集数据迭代器。
                          validation_steps = len(os. listdir(val_dir)),      # 验证时,
# 每一个 epoch 迭代多少次。
                          epochs = epoch, # 训练周期。
                          callbacks = snapshot. get_callbacks(),      # 调用 Callbacks()函数。
                          verbose = 1)      # 显示每一次训练的细节。


    print('Done!')
# ------Training of size 384 × 384 × 3------
if train_384:
    print('Loading 224 × 224 × 3 model weights!')
    Path = 224_weight_path
    model. load_weights(path)      # 使用图像大小为 224 × 224 × 3 的模型权重,作为模型训
# 练 384 × 384 × 3 的初始化权重。
    augment_mode = 1
    batch_size = 16      # 每一次迭代的批次大小为 16。
    shape = (384,384,3)      # 训练图片的大小为 384 × 384。
    epoch = 30      # 训练周期 30。
    Datagenerator = datagenerator_2017_classification(train_dir, val_dir, batch_size,
    shape, augment_mode)
    train_generator, val_generator = Datagenerator. load_data()      # 构建训练集数据迭
# 代器,验证集数据迭代器。
    swa = SWA('. /{}_{}_{}_{}_swa. model'. format(model_name, epoch, shape[0], data_mode),
    '. /{}_{}_{}_{}_lase. model'. format(model_name, epoch, shape[0], data_mode), epoch-15)
    # 构建动态权重平均函数。
    snapshot = SnapshotCallbackBuilder(nb_epochs = 100, nb_snapshots = 1, size =
    384, init_lr = 1e-3, cosine = True, model_name = model_name, data_mode = data_
    mode)      # 构建一系列训练策略 Callback 函数。
    history1 = model. fit_generator (train_generator,      # 训练集数据迭代器。
                              steps_per_epoch = len(os. listdir(train_dir))//batch
                              _size,      # 训练时每一个 epoch 迭代多少次。

                              validation_data = val_generator,      # 验证集数据迭代器.
                              validation_steps = len(os. listdir(val_dir)),
# 验证时,每一个 epoch 迭代多少次。

                              epochs = epoch, # 训练周期.
```

```
                              callbacks = snapshot. get_callbacks(),      ＃调用
＃Callback 函数。
                              verbose = 1)     ＃显示每一次训练的细节。

   plot(history)
if __name__ = = '__main__':
    data_mode = 'multi_center_crop'
    train(data_mode)
```

参考文献

［1］ 菜鸟教程. Python 基础教程［N］. 菜鸟教程,2013-01-01［2020-01-20］. https://www.runoob.com/python/python-tutorial.html.

［2］ Matthes E. Python 编程从入门到实践［M］. 袁国忠,译. 北京:人民邮电出版社,2016.

［3］ 廖雪峰. Python 教程［N］. 廖雪峰的官方网站,2019-01-01［2020-01-20］. https://www.liaoxuefeng.com/wiki/1016959663602400.

［4］ https://pytorch.org/.

［5］ F. Chollet et al. ,"Keras," 2015.［Online］. Available:https://github.com/fchollet/keras.

［6］ https://blog.csdn.net/u013978977.

［7］ McKinney W. 利用 Python 进行数据分析［M］. 2 版. 北京:机械工业出版社,2018.

［8］ https://blog.csdn.net/sinat_34072381.

［9］ 孙立伟,何国辉,吴礼发. 网络爬虫技术的研究［J］. 电脑知识与技术,2010,6(15):286-289.

［10］ 李宁. Python 从菜鸟到高手［M］. 北京:清华大学出版社,2018.

［11］ 范淼,李超. Python 机器学习及实践——从零开始通往 Kaggle 竞赛之路［M］. 北京:清华大学出版社,2019.

［12］ 王启明,罗从良. Python 3.6 零基础入门与实战［M］. 北京:清华大学出版社,2018.

［13］ 段小手. 深入浅出 Python 机器学习［M］. 北京:清华大学出版社,2018.

［14］ 胡松涛. Python 网络爬虫实战［M］. 北京:清华大学出版社,2017.

［15］ 夏敏捷,杨关. Python 程序设计:从基础到开发［M］. 北京:清华大学出版社,2019.

［16］ 小甲鱼. 零基础入门学习 Python［M］. 北京:清华大学出版社,2016.

［17］ 江红,余青松. Python 程序设计与算法基础教程［M］. 北京:清华大学出版社,2019.

［18］ 沙行勉. 计算机科学导论:以 Python 为舟［M］. 北京:清华大学出版社,2019.

［19］ 李军,刘红伟. Python 学习手册［M］. 北京:机械工业出版社,2011.

［20］ 安道,吴珂. 流畅的 Python［M］. 北京:人民邮电出版社,2017.

［21］ Summerfield M. Python 3 程序开发指南［M］. 王弘博,孙传庆,译. 北京:人民邮电出版社,2011.

［22］ Chun W. Python 核心编程［M］. 孙波翔,李斌,李晗,译. 北京:人民邮电出版社,2008.